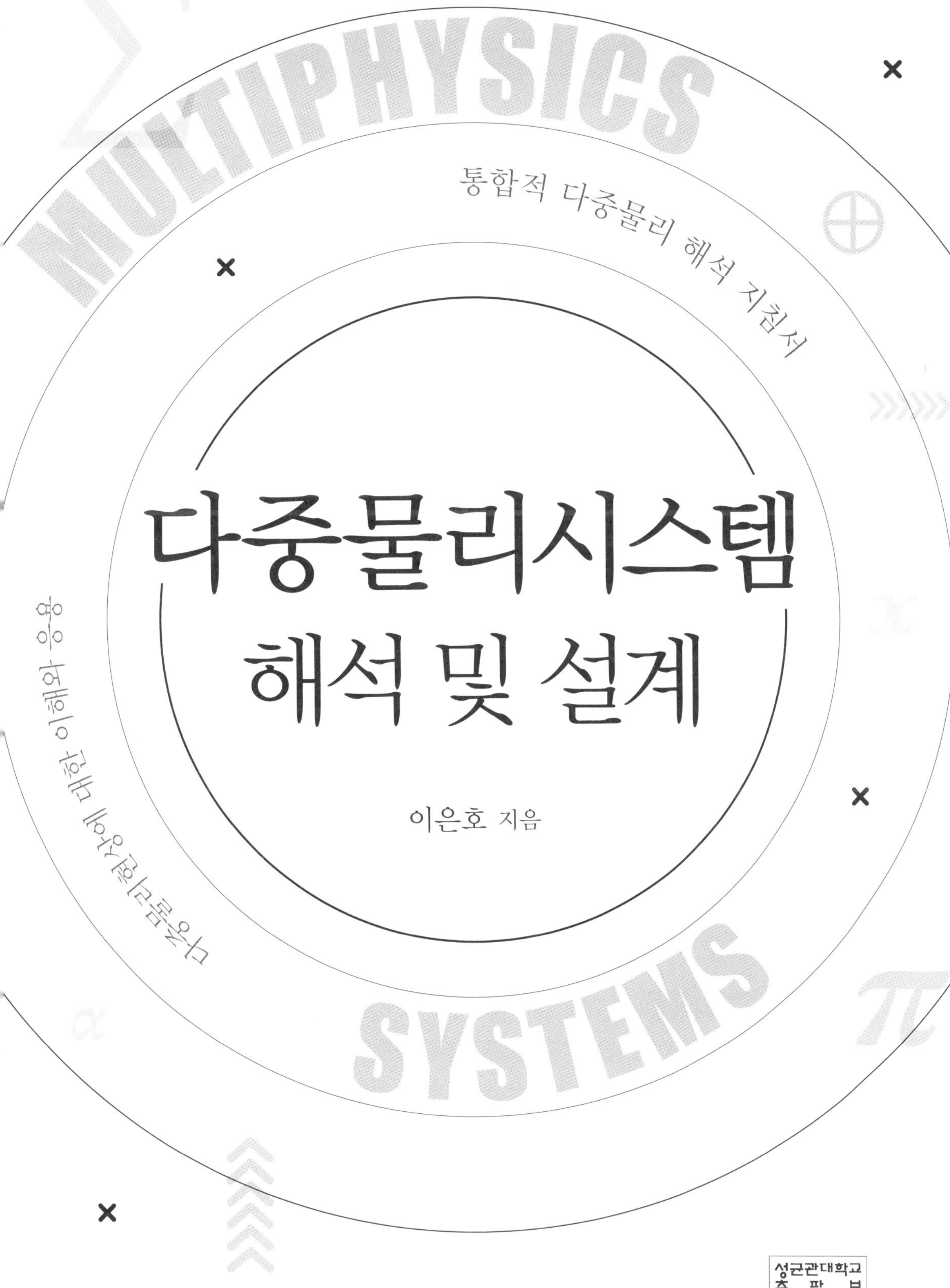

MULTIPHYSICS
SYSTEMS
통합적 다중물리 해석 지침서

다중물리시스템
해석 및 설계

이은호 지음

다중물리시스템 해석 및 응용

성균관대학교
출판부

21세기에 들어선 대한민국 산업은 최첨단 제품의 설계 및 제조를 담당하고 전 세계에 첨단 제품을 통해 기여를 하고 있다. 이런한 최첨단 제품의 설계 및 제조의 기술적 어려움이 커지고 있는데 이는 이들을 설계하고 제조하는 데 다중물리현상를 깊게 고려해야 하기 때문이다. 다중물리현상은 우리가 사용하는 주변의 많은 제품에서 관찰이 가능한데, 예를 들어, 매일 사용하는 스마트폰이나 컴퓨터 등 전자기기 안에 있는 반도체에서는 전자적 흐름 때문에 발열과 열 전도가 일어나고, 각 위치별 열의 구배는 열 팽창의 차이를 일으켜서 뒤틀림과 기계적 응력을 만들어 낸다. 전기자동차에 사용되는 전기 모터는 전기장과 자기장의 영향으로 회전자의 운동 에너지가 만들어지는데, 전기적 저항에 의한 발열과 생산 공정 후 남아있는 소성변형은 모터 효율 감소의 원인이 될 수도 있다. 또한 배터리는 화학적, 전기적 포텐셜이 열−기계적 거동과 결합하여 복잡한 거동을 보여준다. 이와 같이 제품 설계와 생산 공정의 최적화를 위해 다중물리현상에 대한 이해와 응용은 매우 중요하며,

최근 기계 시스템의 전동화 속도가 빨라짐에 따라 그 중요성은 더욱 커지고 있다. 따라서 전자기, 열, 화학, 기계적 거동이 연계된 역학적 현상에 대한 교육은 산업계에 필요한 인재를 배출하는 데 매우 중요하다고 할 수 있다.

이 책은 본래 저자가 학부와 대학원에서 강의하는 다중물리시스템 설계에 관한 과목의 강의노트로부터 시작하여 발전하였다. 본 책에 나오는 수식전개 및 응용예제들은 모두 저자가 연구한 내용에 기반하여 있으며, 내용에 따라 국제논문을 작성하여 논문을 게재하였다. 따라서 일부 응용예제는 논문에 더 자세한 내용이 적혀 있다. 본 책의 의도는 저자의 흩어져 있는 논문들의 내용을 한 권의 책으로 모아 공통적으로 적용되는 물리적 이론 및 의미에 더 집중하여 교육의 목적으로 풀어서 설명하고, 산업적으로 이 다중물리의 이론 및 지식이 어떻게 적용되는지 구체적인 예제를 설명하기 위함이다. 공학분야의 학부 고학년 또는 대학원 과정 학생들을 대상으로 하여 다중물리(전자기, 열, 화학, 기계적 연계) 현상에 대한 역학적 기초 지식과 함께 응용에 관한 예시를 제공하는 것을 목적으로 하고 있다. 학교 강의의 교과목이지만 몇몇 산업체에서 요청하여 산업체에서 정규 강의를 진행하였으며, 이들은 모두 이 책의 초안인 강의노트로 진행되었다. 이후 강의내용을 좀더 요약하여 책으로 집필하게 되었다.

이 책은 Part I과 Part II로 구성되어 있는데 Part I은 총 4개의 장(1–4장)으로 다중물리현상의 이론에 대하여 설명을 하였다. 좀더 구체적으로 1장은 다중물리현상의 기초개념, 2장은 다중물리현상 모델의 역사와 가정, 3장은 운동학에 대한 수식, 그리고 4장은 다중물리의 비가역적 현상에 대한 구성방정식 수식으로 기술되어 있다. 이후 Part II는 다중물리현상의 구체적 응용에 대해서 총 5개의 장(5–9장)으로 기술하였다. 5장은 첨단 반도체패키징의 Cu–Cu bonding process 해석 및 설계, 6장은 반도체 에칭공정의 플라즈마 공정 해석, 7장은 전기자동차 모터 생산공정 설계와 이에 따른 모터 효율 예측, 8장은 리튬이온 배터리의 비가역적 에너지효율 해석에 관하여 다루었고, 마지막으로 9장은 자율제조 공정을 위해 전자기장을 활용한 재료의 물성을 실시간 측정하는 센서설계를 다루었다. 이 책을 집필하면서 이론과 응용의 구성에 대해서 많은 고민을 하였다. 다중물리현상의 역학적 이론을 이해하고 모델링하기 위해서는 텐서학, 연속체역학에 대한 기초지식이 필요하지만 이들의 수학적인 자세한 설명은 이미 수많은 책에 정립이 되어 있다. 또한 다중물리현상의 이론 및 수식화에 대한 너무 자세한 설명은 책에 접근하는 진입장벽을 높일 수 있다. 따라서 이 책에서는 꼭 필요한 수학적 내용만을 담고 쉽게 풀어 쓰려고 노력하였으며, 각 장의 마지막에 reference list를 표기하여 더 자세한 내용을 공부하고 싶은 독자에게 정보를 제공하였다.

이 책의 작성에 많은 도움을 준 분들께 감사를 드리며 특히 Part II의 응용 부분의 논문을 작성하는 데 많은 기여를 한 다물리시스템 연구실의 학생들과 산업체의 협력연구자들에게 감사를 드린다. 또한 항상 지혜를 주시는 하나님과, 옆에서 지지해주는 양가부모님, 사랑하는 아내 슬기와 두 자녀 세준, 세빈이에게 감사를 표한다.

Contents

**Part
I**

다중물리현상의 이론 및 모델링 기초

**Part
II**

다중물리현상의 모델링응용 및 산업적용

Part I

다중물리현상의
이론 및 모델링 기초

1장 다중물리현상의 이해

1.1 다중물리현상의 이해에 대한 필요성

21세기에 들어선 대한민국 산업은 최첨단 제품의 설계 및 제조를 담당하고 세계적인 경쟁력을 갖추기 위해 노력하고 있다. 이러한 제품의 설계 및 제조의 기술적 어려움이 커지고 있는데 이는 다양한 원인이 있다. 소비자들이 요구하는 개별제품의 품질(quality) 및 신뢰성(reliability) 정도가 매우 높아지고 있고, 동시에 제품의 다양성에 대한 요구도 같이 증가하고 있다. 반면에 인건비와 물가의 상승은 하나의 제품을 기획, 설계, 생산하는 비용(cost)이 크게 증가하고 있으며, 제품개발에 허용된 시간은 줄어들고 있다. 무엇보다 대한민국 산업이 다루고 있는 제품이 〈그림 1-1〉처럼 반도체, 디스플레이, 전기기반 운송시스템, 배터리, 스마트폰 등 첨단화되면서 다중물리시스템을 설계하고 제조를 해야 하는 필요성이 증가하고 있다.

〈그림 1-1〉 첨단산업 예시

제품이 유용한 기능을 한다는 것은 에너지 변환을 필요로 한다. 예를 들어 스마트폰을 활용하여 유튜브의 영상을 보는 상황을 생각해 보자. 스마트폰의 배터리 내에서 에너지가 화학에너지로 저장이 되어 있는데, 이 화학에너지는 전기에너지로 변환되어 전자가 스마트폰 내의 회로상에서 움직이며 각종 소자를 작동시킨다. 이는 최종적으로 디스플레이를 통해 빛 에너지와 스피커를 통해 소리에너지로 전환이 되어야 우리가 유튜브를 보면서 정보를 인지할 수 있다. 또한 자동차를 생각해 보면 자동차는 배터리나 화석연료 등 화학에너지로 에너지를 저장하고 있다. 이 화학에너지는 최종적으로 기계적인 운동에너지로 변환되어 자동차를 움직이게 된다. 배터리는 화학적, 전기적 포텐셜(potential)이 열−기계적 거동과 결합하여 복잡한 거동을 보여준다. 이렇게 시스템이 유용한 기능을 하는 데 에너지 변환이 필요한데, 최근에 첨단제품들은 다양한 형태의 에너지 변환을 활용하는 다중물리시스템이다. 이렇게 여러 에너지 변환이 일어나는 상황에서 열역학 1법칙에 기반한 에너지보존법칙을 만족해야 한다. 한 시스템 안에서 에너지의 총량이 보존이 되기는 하지만 제품이 기능을 하기 위해 에너지 변환이 일어나는 과정에서 모든 에너지가 우리에게 유용한 에너지로 변환되는 것은 아니다. 예를 들어, 전자기기 안에 있는 반도체에서는 전자적 흐름 때문에 발열과 열 전도가 일어나고, 각 위치별 열의 구배는 열 팽창의 차이를 일으켜서 뒤틀림과 기계적 응력을 만들어 낸다. 이러한 열과 변형에 의한 에너지는 반도체 시스템의 효율에 악영향을 준다. 전기자동차에 사용되는 전기 모터는 전기장과 자기장의 영향으로 회전자의 운동 에너지가 만들어지는데, 전기적 저항에 의한 발열과 생산 공정 후 남아있는 소성변형은 모터 효율 감소의 원인이 될 수도 있다. 이렇게 에너지 변환과정에서 유용하지 않은 에너지가 부가적으로 발생하며 이는 역학 2법칙에 기반한 엔트로피(entropy) 법칙에 의해 에너지 손실로 여겨진다. 여기서 에너지 손실은 에너지가 사라진다는 뜻이 아니고, 에너지는 보존되지만 일부의 에너지가 우리가 원하지 않는 불필요한 에너지(반도체의 발열, 열팽창에 의한 변형에너지 등)로 변환되어 효율이 낮아진다는 의미이다. 따라서 높은 효율의 다중물리시스템을 설계하는 데 있어 많은 현상을 고려하여야 하며, 이러한 상황은 더 이상 엔지니어(engineer)들이 많은 시간을 투자하여 반복적 시도와 오류개선(try and error)적인 방법으로 경쟁력 있는 제품을 생산하기가 어렵도록 한다.

1.2 통합 에너지 보존

이와 같이 제품 설계와 생산 공정의 최적화를 위해 다중물리현상에 대한 이해와 응용은 매우 중요하며, 최근 기계 시스템의 전동화 속도가 빨라짐에 따라 그 중요성은 더욱 커지고 있다. 따라서 전자기, 열, 화학, 기계적 거동이 연계된 역학적 현상에 대한 교육은 산업계에 필요한 인재를 배출하는 데 매우 중요하다고 할 수 있다. 다중물리현상은 전자기–열–화학–기계적 현상 등이 복합적으로 나타나는 현상이다. 전자기, 기계, 열적인 현상은 겉으로 보기에는 서로 관계없어 보이는 현상들이며, 이들에 대하여 벡터(vector) 형태로 표현이 된 평형방정식(balance equation) 역시 서로 관련이 없어 보인다. 하지만 이들을 에너지(energy) 관점에서 관찰을 한다면 하나의 스칼라(scalar) 값으로 표기가 되기 때문에 서로 더하거나 뺄 수 있으며 본질적으로 하나의 관점으로 통일해서 볼 수 있음을 알 수 있다. 〈그림 1-2〉는 전자기, 열, 화학, 기계적 현상이 내부에너지(internal energy) 하나의 통합된 형태의 관점으로 논의하는 것이 가능한 것을 보여준다. 전자기 에너지는 전자기장(electro-magnetic field)의 형태로 에너지를 저장하며, 열은 열에너지(thermal energy), 화학은 화학적 포텐셜(chemical potential energy), 기계는 변형률에너지(strain energy)의 형태로 저장한다. 이렇게 내부에너

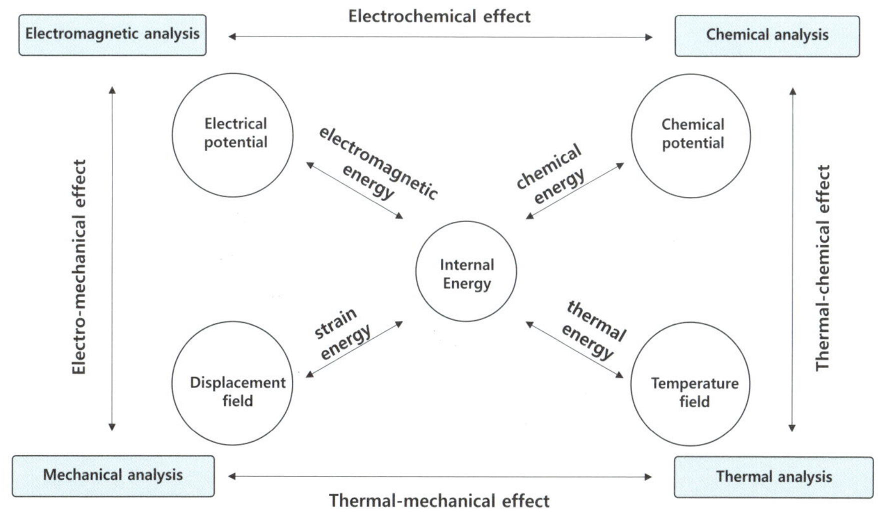

〈그림 1-2〉 다중물리현상 (전자기-열-화학-기계)의 통합적 에너지 관점

지의 통합적 관점에서 분석을 하면 열역학 1, 2법칙에 의하여 에너지 보존과 엔트로피 관점에서 시스템을 효과적으로 분석 및 설계할 수 있다. 통합적인 에너지 관점에서의 다물리분석의 구체적 수식은 3장에서 논의한다.

엔지니어들이 설계하는 시스템은 〈그림 1-3〉처럼 개념적으로 표현할 수 있다. 시스템(system)은 주변환경(surrounding)에 둘러싸여 있다. 시스템은 주변환경과 에너지 혹은 물질(matter)을 교환하는데 에너지와 물질을 주변환경으로 받는 양을 투입(input), 에너지와 물질을 주변환경으로 내보는 것을 배출(ouput)로 볼 수 있다. 에너지는 앞의 1.1장에서 설명한 것과 같이 다중물리현상에서는 전자기, 열, 화학, 기계적 에너지로 다양하게 고려하며, 물질은 질량(mass)을 의미한다.

시스템은 크게 3가지로 구분할 수 있는데 주변환경과 에너지와 물질을 전혀 교환하지 않는 시스템을 고립계(isolated system)라고 하고, 우주(universe)에 대하여 전통적으로 고립계로 가정하였다. 주변환경과 에너지를 교환하지만 물질을 교환하지 않는 시스템을 닫힌계(closed system)로 가정한다. 닫힌계는 일반적인 구조설계 등에 적용이 가능하다. 주변환경과 에너지와 물질을 교환하는

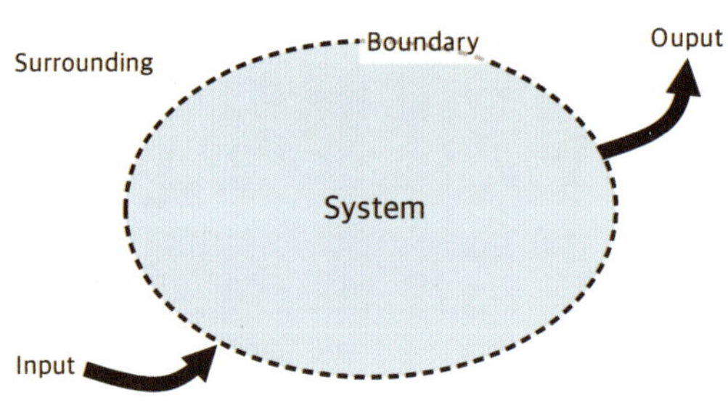

〈그림 1-3〉 시스템과 주변의 에너지 교환 (에너지 보존법칙)

시스템을 열린계(open system)라고 하고 살아 있는 세포나 공정설계 등에 적용할 수 있다.

이러한 시스템이 주변환경과 에너지 및 물질 교환을 할 때 열역학 1법칙에 의거하여 에너지가 보존되어야 하며(질량 역시 에너지의 일부로 표현될 수 있다), 이는 아래와 같이 수식적으로 표현할 수 있다.

$$\frac{\Delta E_{sys}}{\Delta t} = \frac{\Delta E_{sur}}{\Delta t} + \frac{\Delta E_{body}}{\Delta t}. \tag{1.1}$$

Δt는 시간의 증분을 의미한다. ΔE_{sys}, ΔE_{sur}, 그리고 ΔE_{body}는 각각 시스템이 가진 에너지의 증분, 시스템의 표면(surface)을 통하여 교환된 에너지의 증분(투입된 에너지와 배출된 에너지의 차), 그리고 시스템의 질량 자체에 공급된 에너지의 증분을 의미한다. 수식 (1.1)의 물리적 의미는 단위시간당 표면과 질량을 통해 투입되거나 배출되는 에너지의 총량은 단위시간당 시스템 전체 에너지의 변화와 같다는 뜻이다. 수식 (1.1)은 다중물리현상을 고려하는 가장 기본적인 수식이며 에너지의 종류(전자기, 열, 화학, 기계)와 상관없이 적용될 수 있는 수식이다. 뒤에 오는 섹션에서는 수식 (1.1)을 각각 기계적, 열적, 전자기적, 화학적 에너지에 적용하는 예시를 보여준다.

1.3 기계적 에너지

〈그림 1-4〉는 기계적 에너지가 적용되는 시스템의 한 예를 보여준다. 질량 m을 가지고 있는 시스템은 표면을 통해 기계적 외력 $\mathbf{F}$가 가해지고, 또한 질량에 직접적으로 중력의 의한 힘 $m\mathbf{g}$가 가해진다. $\mathbf{g}$는 중력가속도를 의미

한다. 이 시스템은 속도 $\mathbf{v}$를 가지고 움직이며, 따라서 운동에너지를 가지고 있다. 이 상황을 아래와 같이 정리할 수 있다.

$$\Delta E_{sys} = \Delta(\frac{1}{2}m\mathbf{v} \cdot \mathbf{v}), \ \Delta E_{sur} = \Delta(\mathbf{F} \cdot \mathbf{x}), \text{ and } \Delta E_{body} = \Delta(m\mathbf{g} \cdot \mathbf{x}). \tag{1.2}$$

$\mathbf{x}$는 변위벡터(displacement vector)이다. 단위 시간 Δt 동안 $\mathbf{F}$와 $m\mathbf{g}$가 변하지 않는다면 수식 (1.2)를 수식 (1.1)에 대입하여 아래와 같은 수식을 얻을 수 있다.

$$m\mathbf{v} \cdot \mathbf{a} = \mathbf{F} \cdot \mathbf{v} + m\mathbf{g} \cdot \mathbf{v}, \tag{1.3a}$$

$$\mathbf{a} = \frac{\Delta\mathbf{v}}{\Delta t}, \text{ and } \mathbf{v} = \frac{\Delta\mathbf{x}}{\Delta t}. \tag{1.3b}$$

$\mathbf{a}$는 가속도(acceleration) 벡터이다. 양변에 반복되는 $\mathbf{v}$를 제거하면 아래와 같이 정리된다.

$$m\mathbf{a} = \mathbf{F} + m\mathbf{g}. \tag{1.4}$$

중력($m\mathbf{g}$)은 많은 경우에 있어 무시될 수 있으며, 이 경우는 아래와 같이 우리에게 친숙한 형태의 식으로 단순화될 수 있다.

$$m\mathbf{a} = \mathbf{F}. \tag{1.5}$$

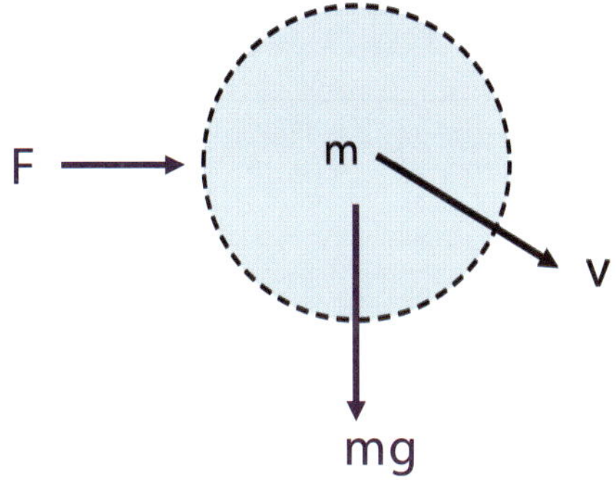

<그림 1-4> 기계적 에너지 보존법칙

1.4 열 에너지

<그림 1-5>는 열적 에너지가 적용되는 시스템의 한 예를 보여준다. 질량 m, 비열용량(specific heat capacity) C_p, 그리고 온도 θ를 가지고 있는 시스템이 표면을 통해 열유속(heat flux) $\mathbf{q}$가 투입되거나 배출된다. 또한 내부에 비열생성률(rate of specific heat generation) h_t가 발생한다. 이 상황을 아래와 같이 정리할 수 있다.

$$\Delta E_{sys} = \Delta(mC_p\theta), \ \Delta E_{sur} = (-\mathbf{q} \cdot \mathbf{n})A\Delta t, \text{ and}$$

$$\Delta E_{body} = (mh_t)\Delta t. \tag{1.6}$$

A는 열유속을 교환하는 표면면적이고, $\mathbf{n}$는 해당하는 표면의 바깥 법선벡터(outward unit normal vector)이다. ΔE_{sur}에서 음의부호(negative sign)가 포함된 이유는 시스템에 유입되는 열유속 방향은 법선벡터와 반대방향이기 때문에 내적시에 음이 되기 때문이다. 수식 (1.6)을 수식 (1.1)에 대입하면 아래와 같은

수식으로 정리된다.

$$mC_p \frac{\Delta\theta}{\Delta t} = (-\nabla \cdot \mathbf{q})V + mh_t. \tag{1.7}$$

V는 시스템의 부피(volume)이다. $\Delta(-\mathbf{q} \cdot \mathbf{n})A$는 발산법칙(divergence theorem)에 의해 $(-\nabla \cdot q)V$으로 표현이 바뀌었다. 질량 m은 밀도 ρ와 함께 아래와 같이 주어질 수 있으므로

$$m = \rho V, \tag{1.8}$$

수식 (1.8)을 수식 (1.7)에 대입하여 아래와 같이 우리에게 친숙한 식으로 표현할 수 있다.

$$\rho C_p \frac{\Delta\theta}{\Delta t} = -\nabla \cdot \mathbf{q} + \rho h_t. \tag{1.9}$$

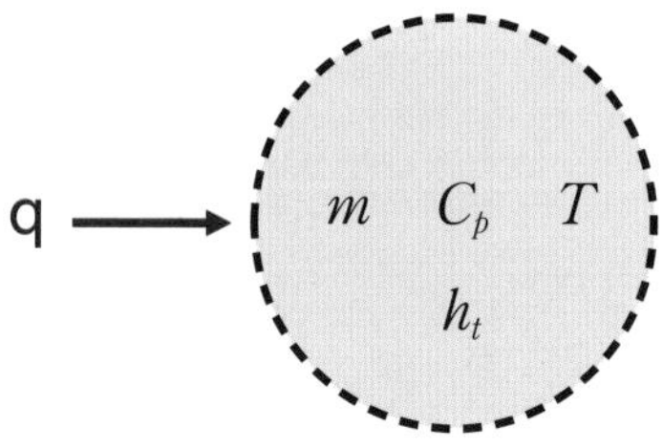

〈그림 1-5〉 열 에너지 보존법칙

1.5 전자기 에너지

전기적 에너지 시스템은 〈그림 1-6〉처럼 축전기(capacitor) 시스템으로 개념
화시키면 이해하기가 편리하다. 두 개의 단전된 전극(electrode) 사이에 전기적
포텐셜(electrical potential)을 걸어주면(전압이라고도 표현함) 두 전극이 각각 양극과
음극으로 대전되면서 전기장 $\mathbf{e}$가 생성된다. 이때 두 전극 간의 거리를 d, 그
리고 전극의 면적을 A라고 한다면, 축전기 시스템에 저장되는 에너지 E_{sys}는
아래와 같이 정의된다.

$$E_{sys} = \frac{1}{2}\varepsilon_0 \mathbf{e} \cdot \mathbf{e} A d. \tag{1.10}$$

ε_0는 진공상태에서의 유전율(permittivity)을 의미한다. 또한 이때 축전기에
축전된 전하량 Q는 전기용량(capacitance) C와 전압 $\mathbf{V}$의 크기에 의해 아래와 같
이 정의된다.

$$Q = C|\mathbf{V}|, \tag{1.11a}$$

$$\mathbf{V} = \mathbf{e}d, \tag{1.11b}$$

$$C = \varepsilon_0 \frac{A}{d}. \tag{1.11c}$$

수식 (1.11b)에 의하면 전압은 전기장이 클수록, 전극 간의 거리가 멀수록
커진다. 또한 전기용량은 수식 (1.11c)에 의해 전극의 면적이 넓을수록, 그리
고 전극 간 거리가 좁을수록 커진다. 수식 (1.10)과 (1.11)을 이용하면 E_{sys}를

를 아래와 같이 표현할 수도 있다.

$$E_{sys} = \frac{1}{2}\varepsilon_0 \mathbf{e} \cdot \mathbf{e}Ad = \frac{1}{2}C\mathbf{V} \cdot \mathbf{V} = \frac{1}{2}\frac{Q^2}{C}. \tag{1.12}$$

또한 〈그림 1-6〉에서 보듯이 전극 사이에는 시스템의 유전율을 높이기 위하여 유전체(dielectric material)를 배치할 수 있다. 이 유전체는 전체적으로는 전기적으로 중성이지만 〈그림 1-6〉과 같이 전기쌍극자(dipole moment)가 전기장에 의해 한 방향으로 배열되는 분극(polarization)이 발생할 수 있다. $\mathbf{p}$는 분극벡터이며 이에 의해 전기변위장(electrical displacement file)벡터 $\mathbf{d}$를 아래와 같이 정의할 수 있다.

$$\mathbf{d} = \varepsilon_0 \mathbf{e} + \mathbf{p}. \tag{1.13}$$

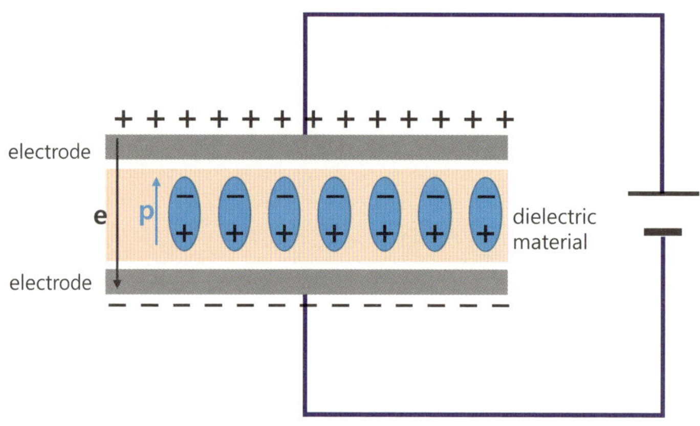

〈그림 1-6〉 전기적 에너지 보존법칙

자기적 에너지 시스템은 〈그림 1-7〉처럼 유도자(inductor) 시스템으로 개념화시키면 이해하기가 편리하다. 유도자는 일반적으로 전선을 코일 형태로 감아서 만들며, 유도자에 전류벡터 $\mathbf{j}$가 흐르면 앙페르의 법칙에 의해서 전선 주변에 자기장이 형성되며, 이 유도자의 경우 〈그림 1-7〉과 같은 자기장이 형성된다. 이 유도자는 축전지와는 다르게 자기장 형태로 에너지를 저장할 수 있으며, 유도계수(inductance) L에 의해 자기에너지 저장용량에 수식 (1.14)처럼 영향을 받는다.

$$E_{sys} = \frac{1}{2}L\mathbf{j} \cdot \mathbf{j}.$$

(1.14)

유도계수 L은 유도자의 단면적 A, 길이 l, 그리고 감은수 N에 의해 영향을 받으며 아래와 같이 결정된다.

$$L = \mu_0 N^2 \frac{A}{l}.$$

(1.15)

μ_0는 진공상태의 투자율(permeability)이다. 또한 전류 $\mathbf{j}$가 만들어 내는 자기장 $\mathbf{h}$는 아래와 같이 결정이 된다.

$$\mathbf{h} = \mathbf{j}\frac{N}{l}.$$

(1.16)

수식 (1.15)와 (1.16)를 수식 (1.14)에 대입하면 E_{sys}를 아래와 같이 표현이 가능하다.

$$E_{sys} = \frac{1}{2}\mu_0 \mathbf{h} \cdot \mathbf{h} Al. \tag{1.17}$$

유도자 역시 투자율을 높이기 위하여 〈그림 1-7〉처럼 코일 내부에 자기장이 잘 흐르도록 하는 재료를 삽입하여 배치한다. 이 경우 자기쌍극자(magnetic dipole)가 자기장에 의해 정렬이 되어 자화(magnetization)가 발생할 수 있다. $\mathbf{m}$은 자화벡터이며 이에 의해 자기유도(magnetic induction) 벡터 $\mathbf{b}$를 아래와 같이 정의할 수 있다.

$$\mathbf{b} = \mu_0(\mathbf{h} + \mathbf{m}). \tag{1.18}$$

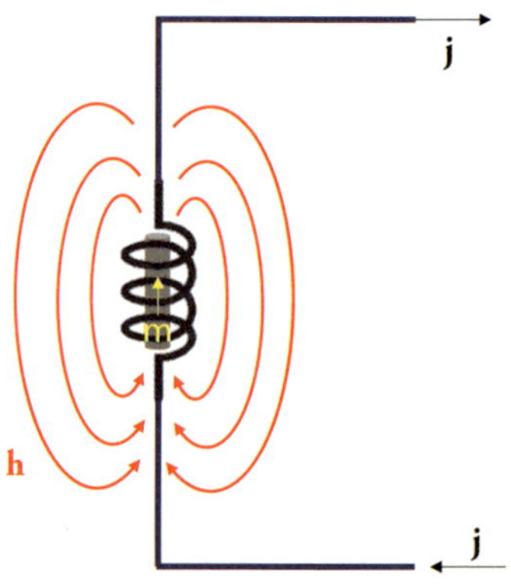

〈그림 1-7〉 자기적 에너지 보존법칙

또한 열유속과 같이 전자기장에 의한 에너지유속을 정의할 이를 포인팅벡터(Poynting vector)라고 하며 아래의 같이 정의된다.

$$p = e \times h. \tag{1.19}$$

　포인팅벡터의 개념은 〈그림 1-8〉에 도식하였다. 전지에 전구가 전선으로 연결되어 있는 상황에서 전선의 저항을 무시한다면 전구의 저항에서 전압이 크게 떨어지는 것을 생각할 수 있다. 이 전기적 포텐셜차에 의해 전기장 e(검은색 선)가 생성된다. 또한 이 전선을 통하여 전류가 흐르므로 전선의 폐곡선 내부 공간은 앙페르의 법칙에 의해서 안으로 들어가는 방향의 자기장 h(빨간색 선)이 형성된다. 이 전기장과 자기장은 수식 (1.19)에 기반하여 포인팅벡터 p(녹색선)가 발생하고 이 에너지유속은 전력을 전구에 전달한다.

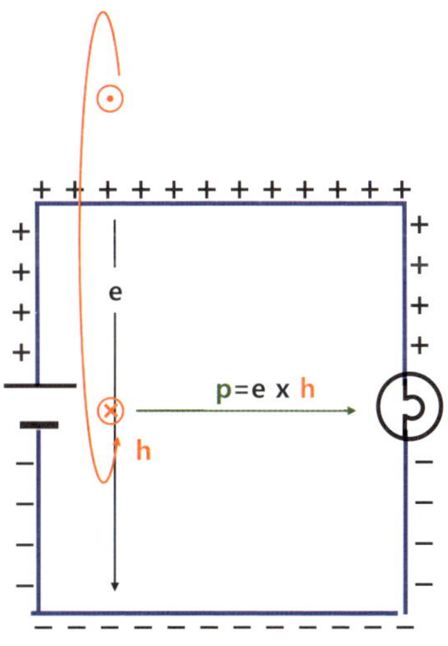

〈그림 1-8〉 포인팅 벡터의 개념도

　전자기 에너지를 수식 (1.1), (1.10), (1.17)에 기반하여 에너지 보존법칙에 적용을 하면 시스템의 에너지는 아래와 같이 정의가 된다.

$$E_{sys} = \frac{1}{2}\varepsilon_0 \mathbf{e} \cdot \mathbf{e}Ad + \frac{1}{2}\mu_0 \mathbf{h} \cdot \mathbf{h}Al,$$ (1.20a)

$$E_{sur} = -(\mathbf{e} \times \mathbf{h}) \cdot \mathbf{n}A.$$ (1.20b)

수식 (1.20)을 수식 (1.1)에 적용하면 아래와 같이 정리된다.

$$\varepsilon_0 \mathbf{e} \cdot \frac{\Delta \mathbf{e}}{\Delta t}Ad + \mu_0 \mathbf{h} \cdot \frac{\Delta \mathbf{h}}{\Delta t}Al = -\nabla \cdot (\mathbf{e} \times \mathbf{h})V.$$ (1.21)

1.6 화학적 에너지

화학적 에너지 E_{ch}는 내부에너지(internal energy)로 포함이 될 수 있으며 화학 플럭스(chemical flux) $\mathbf{I}$와 함께 아래의 수식을 정리할 수 있다.

$$\Delta E_{sys} = \Delta E_{ch}, \text{ and } \Delta E_{sur} = \Delta(-\mathbf{I} \cdot \mathbf{n})A\Delta t.$$ (1.22)

화학플럭스 $\mathbf{I}$는 질량보존을 만족해야 한다. 수식 (1.22)를 수식 (1.1)에 대입하면 아래와 같이 정리된다.

$$\frac{\Delta E_{ch}}{\Delta t} = -(\nabla \cdot \mathbf{I})V. \tag{1.23}$$

1.7 다중물리현상

기계-전자기-열-화학적 에너지가 연계된 다중물리현상을 수식적으로 고려하기 위해서 수식 (1.3), (1.7), (1.21)과 (1.23)을 합산하면 아래와 같이 정리된다.

$$\frac{\Delta E_{sys}}{\Delta t} = \frac{\Delta E_{sur}}{\Delta t} + \frac{\Delta E_{body}}{\Delta t}, \text{ where} \tag{1.24a}$$

$$\frac{\Delta E_{sys}}{\Delta t} = m\mathbf{v} \cdot \mathbf{a} + mC_p \frac{\Delta \theta}{\Delta t} + \left(\varepsilon_0 \mathbf{e} \cdot \frac{\Delta \mathbf{e}}{\Delta t} Ad + \mu_0 \mathbf{h} \cdot \frac{\Delta \mathbf{h}}{\Delta t} Al \right) + \frac{\Delta E_{ch}}{\Delta t}, \tag{1.24b}$$

$$\frac{\Delta E_{sur}}{\Delta t} = \mathbf{F} \cdot \mathbf{v} - \nabla \cdot (\mathbf{q} + \mathbf{e} \times \mathbf{h} + \mathbf{I})V, \tag{1.24c}$$

$$\frac{\Delta E_{body}}{\Delta t} = m\mathbf{g} \cdot \mathbf{v} + mh_t. \tag{1.24d}$$

이 개념을 기반으로 하여 다물리현상에 관한 다양한 공학적 응용에 적용이 가능하다. 하지만 유한요소법(finite element method) 등에 적용하기 위해서는 위의 수식을 국소화(localization)해야 구체적인 구성방정식(constitutive equation)을 정의해야 한다. 이에 대한 자세한 학술적 수식화 논의는 3장에서 진행한다.

2장 다중물리현상 이론발전의 역사와 가정

다중물리현상의 수식화에 앞서 다중물리현상의 수식화의 역사에 대해서 간단히 기술하여, 이 책에서 쓰인 이론의 기반과 가정에 대해서 먼저 설명하고자 한다. 다중물리현상은 전자기-기계-열 에너지 등의 현상을 동시에 고려하기 위해서는 에너지 관점에서 먼저 접근하는 것이 편리하기 때문에 에너지의 전역 평형 방정식(global energy balance equation)의 형태를 유도하는 것이 편리하다. 다중물리현상의 열-전기적-기계적 현상의 수학적 틀은 Hutter and Pao(1974), Maugin and Eringen(1977), Green and Naghdi(1984; 1995) 등에 의해 세워졌다. 후에 Kovetz(2000), Ericksen(2007; 2008), Steigmann(2009), Hutter et al.,(2006) 등의 학자들에 의해 수학적으로 더 정밀하게 발전하고 검증되었다. 이러한 다중물리현상의 전역 평형 방정식의 수학적 형태와 물리적 의미는 Kovet(2000)와 Hutter(2007) 등이 자세히 정리하여 설명하였다. 후에 Lee(2021)는 이들의 이론에 기반하여 전자기-열-기계적인 비가역적 현상을 고려하기 위한 비가역포텐셜을 적용하여 이들의 이론이 비가역적현상까지 확장될 수 있음을 수학적으로 보여주었다.

역학적 이론을 발전시켜가는 가운데 관찰자에 대한 정의는 매우 중요하다. 양자역학에서는 관찰이라는 행위가 현상 자체에 영향을 미치지만 본 책에서는 연속체적 관점에서 다중물리현상을 다루며 관찰이라는 행위가 현상 자체에는 영향을 미치지 않는다고 가정한다. 하지만 관찰자의 좌표계에 대한 논의는 매우 신중하게 진행해야 한다. 먼저 이론 및 수식화에는 관찰자의 시공간(time and space) 프레임에 한 가지 큰 가정이 있으며 이는 특히 전자기 현상을 고려할 때 중요해지며, 이는 바로 상대성효과에 대한 고려이다. 상대성이론은 빛의 속도가 갈릴레이의 상대성으로 설명되지 않는다는 관찰로부터 시작되었다. 빛은 어떤 관성좌표계에서도 동일한 속도를 가지는 것이 관찰되었고, 이를 수학적으로 표현하기 위해서 로렌츠변환(Lorentz transformation) (Lorentz, 1899; 1904)은 서로 다른 두 물체의 상대 속도가 광속에 가까워질 때에도 불변량(invariant) 측정을 위한 적절한 틀을 제공하였다. 1905년, Einstein은 광속과 유사한 속도로 움직이는 물체의 공간과 시간 사이의 관계를 논의했고, 이것이 특수 상대성(special relativity) 이론으로 알려졌다. 간단히 말해, 그는 비상대적 역학(non-relativistic mechanics)의 갈릴레이 변환(Galilean transformation)을 로렌츠변환으로 재구성하고 로렌츠변환에 물리적 의미를 부여했으며, 시간과 공간이 절대적인 측정이 아니라 서로 영향을 미친다고 설명하였다. 특수 상대성 이론은 민코프스키 공간(Minkowski space) (Minkowski, 1908)을 활용하여 수학적으로 더욱 정밀하게 발전되었다. 민코프스키 공간은 공간과 시간을 3차원에서 4차원의 시공간(space-time)으로 결합하여 특수 상대성 이론을 이해하는 수학적 도구를 제공한다. 민코프스키 공간은 4차원 유클리디안 공간(Euclidean space)이 아님을 주목해야 하며, 시간과 공간이 별도로 정의될 수 없는 통합된 4차원의 시공간 연속체임을 보여준다. 현대 과학 관측은 상대성 이론이 공간과 시간의 현실을 근사할 수 있음을 입증하였다. 이러한 과학적 발전을 기초로, 비상대적 연속체 역학(non-relativistic continuum mechanics)을 상대론적 연속체 역학(relativistic continuum mechanics)으로 확장하기 위해 로렌츠변환의 시공간에서 불변 측정을 정의하는 노력이 진행되었다. Grot and Eringen(1966a)은 Toupin(1957)의 연구를 확장하고, 특수 상대성과 열역학 법칙을 만족시키는 탄성 모델을 도입하였다. 또한, 물체의 질량 보존은 이동 속도가 광속에 접근함에 따라 변화하므로 재정립되어야 한다(Minkowski, 1908, Maugin and Eringen, 1972); 입자의 운동 역시 세계 속도와의 관계를 정의하는 것이 필요하다(Lianis, 1973). 연속 모델이 로렌츠변환에 대해 불변성을 가질 때, 전자기학과의 결합은 수학적으로 더욱 정교해진다(Grot and Eringen, 1966b, Hutter et al., 2006). 최근 연구에서는 점탄성과 일반 상대성 이론에서의 탄성 모델링도 고려되었다(Huku-ma et al., 2011; Brown, 2021). 게다가 최근에는 Lee(2024)가 상대론적 역학(relativistic mechanics)을 소성변형까지 고려하여 이론적으로 확장하였다. 이들의 이론적 연구는 전자기학과 운동학이 결합되는 현상에 대하여 실제 과학적 현상을 더 잘 설명하지만 공학적 문제에 적용하는 데 있어 수식이 복잡해진다는 단점이 있다. 또한 현재 공학적 문제는 대부분 움직이는 물체와 관찰자의 상대속도의 크기가 빛의 속력에 비해 매우 작은 경우가 대부분이며, 이 경우 상대성효과는 무시할 수 있다. 따라서 많은 공학적 연구자들은 상대속도의 크기가 빛의 속력에 비해 매우 작다는 가정을 받아들이고 상대성효과를 무시하여 이론을 다양한 문제에 성공적으로 적용하였다. 이 책에서도 적용하는 공학적 문제들 역시 물질과 관찰자의 상대속도의 크기가 빛의 속력에 비해 매우 작다는 가정을 받아들여 상대성효과를 무시하여 이론을 적용한다.

또다른 이슈는 재료의 변형 관찰을 정의하는 데 있어서 라그랑지안(Lagrang-ian) 관점과 오일러리안(Eulerian) 관점 사이에서 선택을 해야 한다. 일반적으로 라그랑지안 관점은 고체의 운동과 오일러리안 관점은 주로 유체의 운동에 주로 적용한다. 하지만 고체의 운동을 오일러리안 관점에 기반하여 수식화하는 것도 가능하다. 연속체의 운동의 정의에 있어 라그랑지안 관점은 단순한 수식화가 가능하다는 큰 장점이 있지만, 단점에 대한 논의는 연속체의 운동을 라그랑지안 관점으로 정의할 때 응력이 없는 기준상태(stress-free reference configuration)를 선택해야 하며, 이 선택은 불가피하게 물리적 근거가 없는 무작위성을 도입해야 한다는 것에 있다. 이러한 경우에서는 응력이 없는 기준상태의 임의적인 선택이 변형 경로에 영향을 미친다. 그러나 Onat(1968)은 모델의 상태 변수는 현재 상태에서 명시되어야 하지만, 응력이 없는 기준상태는 현재 구성물에서 측정할 수 없으므로 내부 변수로 작용해서는 안 된다고 강조하였다. 이 관점은 Abeyaratne(2012)와 일치하며, Bertram et al.(1995)도 응력이 없는 기준상태의 선택과 독립적인 이론 개발의 필요성을 강조하였다. Eulerian 공식의 기본 개념을 소개한 Eckart(1948)와 Leonov(1976)는 탄성 변형 측정치를 통해 직접 유도된 구성방정식(constitutive equation)에서 탄소성(elastic-plastic) 응답의 구성방정식을 설정할 수 있다는 것을 보여 주었다. Besseling et al.(1966)은 소성변형의 측정치를 도입하지 않고도 소성변형이론을 제시할 수 있다고 보여 주었다. Rubin(1994; 1996)은 결정 구조 격자의 방향과 관련된 미세조직 벡터(microstructural vectors)를 도입함으로써 물질의 비탄성거동(inelastic behavior)을 모델링할 수 있는 일반적인 아이디어를 제시하였다. 이러한 오일러리안 모델들은 현재 측정 가능한 물리적 물질 상태에 집중하며, 기준 구성물의 영향을 줄일 수 있다(Rubin, 2012). 금속 소성변형에서 오일러리안 접근법의 장점을 활용하기 위해, 최근 Lee and Rubin(2020)은 금속판재(sheet metal)에 적용하는 오일러리안 모델을 제안하였다. 그 후의 연구(Lee and Rubin, 2022)에서는 오일러리안 공식이 바우싱거 효과(Bauschinger effect)와 강도 비대칭 효과(Strength-differential effect)를 표현할 수 있는 것을 입증하였다. 하지만 오일러리안 모델은 다소 수식적으로 복잡해지는 단점이 있다. 최근에 Lee(2023)는 탄성 변형의 작은변형(small deformation) 상태에서 라그랑지안과 오일러리안 모델이 일치하는 부분이 있음을 보여주었다. 이 책에서는 라그랑지안 관점에서의 모델에 기반하여 수식을 전개해 간다.

2장에서 살펴본 다중물리현상의 이론의 역사와 가정을 요약하여 본 책에서는 관찰자에 대해서 아래의 2가지 가정에 기반하여 수식을 전개한다.

(1) 관찰자와 재료의 모든 점의 상대속도의 크기는 빛의 속도에 비해 매우 작아서 상대성효과를 무시할 수 있어 갈릴레이 변환으로 불변량을 정의할 수 있다.

(2) 라그랑지안 기반의 관찰 프레임에 기반하여 재료의 변형을 정의한다.

References

Abeyaratne, R. (2012). Continuum Mechanics, Volume II of Lecture Notes on the Mechanics of Solids. Retrieved from http://web.mit.edu/abeyaratne/lecture-notes.html.

Bertram, A., Kraska, M., Parker, D. F., England, A. H. (1995). Description of finite plastic deformations in single crystals by material isomorphisms. In: Proceedings of the IUTAM Symposium on Anisotropy, Inhomogeneity and Nonlinearity in Solid Mechanics, Netherlands, Kluwer, pp. 77–90.

Besseling, J. F., Parkus, H., Sedov, L. I. (1966). A thermodynamic approach to rheology. In: Proceedings of the IUTAM Symposium on Irreversible Aspects of Continuum Mechanics and Transfer of Physical Characteristics in Moving Fluids, Vienna, Springer, pp. 16–53.

Brown, J. D. (2021). Elasticity theory in general relativity. Class. Quantum Gravity, 38, 085017.

Eckart, C. (1948). The thermodynamics of irreversible processes. IV. The theory of elasticity and anelasticity. Phys. Rev., 73, 373–382.

Einstein, A. (1905). On the movement of small particles suspended in stationary liquids required by the molecular-kinetic theory of heat. Ann. Phys., 17, 549–560.

Ericksen, J. (2007). On formulating and assessing continuum theories of electromagnetic fields in elastic materials. J. Elast., 87, 95–108.

Ericksen, J. (2008). Magnetizable and polarizable elastic materials. Math. Mech. Solids, 13, 38–54.

Fukuma, M., Sakatani, Y. (2011). Relativistic viscoelastic fluid mechanics. Phys. Rev. E., 84, 026316.

Green, A. E., Naghdi, P. (1984). Aspects of the second law of thermodynamics in the presence of electromagnetic effects. Q. J. Mech. Appl. Math., 37, 179–193.

Green, A. E., Naghdi, P. (1995). A unified procedure for construction of theories of deformable media. I. Classical continuum physics. Proc. Math. Phys. Eng. Sci., 448, 335–356.

Griffiths, D. J. (2013). Introduction to Electrodynamics (4th ed.). Pearson, Chapter 12.

Grot, R. A., Eringen, A. C. (1966a). Relativistic continuum mechanics. Part I-Mechanics and thermodynamics. Int. J. Eng. Sci., 4, 611–638.

Grot, R. A., Eringen, A. C. (1966b). Relativistic continuum mechanics. Part II-Electromagnetic interactions with matter. Int. J. Eng. Sci., 4, 639–670.

Hutter, K., Pao, Y. H. (1974). A dynamic theory for magnetizable elastic solids with thermal and electrical conduction. J. Elast., 4, 89–114.

Hutter, K., Ven, A. A., Ursescu, A. (2007). Electromagnetic field matter interactions in thermoelastic solids and viscous fluids. Springer, Berlin and Heidelberg.

Kovetz, A. (2000). Electromagnetic theory. Oxford University Press.

Lee, E. H. (2021). A model for irreversible deformation phenomena driven by hydrostatic stress, deviatoric stress and an externally applied field. Int. J. Eng. Sci., 169, 103573.

Lee, E. H. (2023). Correlation between parameters in the microstructural vector theory and Hill's plastic potential. Appl. Math. Model., 124, 192–215.

Lee, E. H. (2024). Relativistic constitutive modeling of inelastic deformation of continua moving in space-time. Commun. Nonlinear Sci. Numer. Simul., 131, 107821.

Lee, E. H., Rubin, M. B. (2020). Modeling anisotropic inelastic effects in sheet metal forming using microstructural vectors-Part I: Theory. Int. J. Plast., 134, 102783.

Lee, E. H., Rubin, M. B. (2022). Eulerian constitutive equations for the coupled influences of anisotropic yielding, the Bauschinger effect and the strength-differential effect for plane stress. Int. J. Solids Struct., 241, 111475.

Leonov, A. I. (1976). Nonequilibrium thermodynamics and rheology of viscoelastic polymer media. Rheol. Acta, 15, 85–98.

Lianis, G. (1973). Formulation and application of relativistic constitutive equations for deformable electromagnetic materials. Il Nuovo Cimento B, 16, 1–43.

Lorentz, H. A. (1899). Simplified theory of electrical and optical phenomena in moving systems. Proc. R. Neth. Acad. Arts Sci., 1, 427–442.

Lorentz, H. A. (1904). Electromagnetic phenomena in a system moving with any velocity smaller than that of light. Proc. R. Neth. Acad. Arts Sci., 6, 809–831.

Maugin, G. A., Eringen, A. C. (1972). Relativistic continua with directors. J. Math. Phys., 13, 1788.

Maugin, G. A., Eringen, A. C. (1977). On the equations of the electrodynamics of deformable bodies of finite extent. J. de Méc., 16, 101–147.

Minkowski, H. (1908). Die grundgleichungen für die elektromagnetischen vorgänge in bewegten körpern. Nachr. Ges. Wiss. Gött. Math. Phys. Kl., 53–111.

Onat, E. T. (1968). The notion of state and its implications in thermodynamics of inelastic solids. In: Irreversible Aspects of Continuum Mechanics and Transfer of Physical Characteristics in Moving Fluids, Springer, pp. 292–314.

Rubin, M. B. (1994). Plasticity theory formulated in terms of physically based microstructural variables-Part I: Theory. Int. J. Solids Struct., 31, 2615–2634.

Rubin, M. B. (1996). On the treatment of elastic deformation in finite elastic–viscoplastic theory. Int. J. Plast., 12, 951–965.

Rubin, M. B. (2012). Removal of unphysical arbitrariness in constitutive equations for elastically anisotropic nonlinear elastic–viscoplastic solids. Int. J. Eng. Sci., 53, 38–45.

Steigmann, D. J. (2009). On the formulation of balance laws for electromagnetic continua. Math. Mech. Solids., 14, 390–402.

Toupin, R. A. (1957). World invariant kinematics. Arch. Ration. Mech. Anal., 1, 181–211.

3장 통합적 에너지 모델링

3.1 시공간 프레임

본 수식화에 사용하는 스칼라(scalar), 벡터(vector) 및 텐서(tensor) 함수들은 공간적 기술(spatial description)에 기반하여 정의한다. 2장에서 논의된 가정에 의해 시간과 공간은 독립적이다. 이때 3차원 유클리드(Euclidean) 공간에서, 임의의 재료의 질점(material point)에서 현재의 위치벡터(position vector) $\mathbf{x}$는 전역 직교 좌표계(global Cartesian coordinates)의 기저벡터(base vector) $\bar{\mathbf{e}}_i$를 활용하여 아래와 같이 정의할 수 있다.

$$\mathbf{x} = x^i \bar{\mathbf{e}}_i, \, (i = 1 - 3) . \tag{3.1}$$

전역 직교 좌표계에서 대응 기저 벡터(dual-basis vectors)는 동일하기 때문에($\bar{\mathbf{e}}_i$

$=\bar{e}^i$), 그에 대응하는 반변(contravariant)과 공변(covariant) 성분도 동일하게 된다 ($x^i = x_i$). 또한 공간상에서 임의의 물리량 $\mathbf{a}$에 대하여 물질 시간 미분(material time derivative) $\dot{\mathbf{a}}$는 아래와 같이 정의가 된다.

$$\dot{\mathbf{a}} = \frac{\partial \mathbf{a}}{\partial t} + \mathbf{v} \cdot \nabla \mathbf{a}. \tag{3.2}$$

수식 (3.1–3.2)를 활용하면 위치벡터 $\mathbf{x}$의 물질 시간 미분을 활용하여 그 해당하는 재료의 질점의 속도벡터(velocity vector) $\mathbf{v}$를 아래와 같이 정의할 수 있다.

$$\mathbf{v} = \dot{\mathbf{x}} = \frac{\partial \mathbf{v}}{\partial t} + \mathbf{v} \cdot \nabla \mathbf{v}. \tag{3.3}$$

또한 전자기장 벡터들(electromagnetic field vectors) (Hutter et al., 2007)은 아래와 같이 정의된다.

$$\bar{\mathbf{e}} = \mathbf{e} + \mathbf{v} \times \mathbf{b}, \tag{3.4a}$$

$$\bar{\mathbf{b}} = \mathbf{b}, \tag{3.4b}$$

$$\bar{\mathbf{d}} = \mathbf{d}, \tag{3.4c}$$

$$\bar{\mathbf{h}} = \mathbf{h} - \mathbf{v} \times \mathbf{d}, \tag{3.4d}$$

$$\bar{\mathbf{j}} = \mathbf{j} - q\mathbf{v}, \tag{3.4e}$$

$$\bar{q} = q. \tag{3.4f}$$

$\bar{\mathbf{e}}$, $\bar{\mathbf{b}}$, $\bar{\mathbf{d}}$, $\bar{\mathbf{h}}$, $\bar{\mathbf{j}}$, 와 $\bar{q}$는 각 표준 벡터의 유효값(effective values of the standard vectors)으로 정의가 된다. 이때 전자기장(Electromagnetic field)의 표준벡터(standard vectors)는 전기장 강도(electric field intensity) $\mathbf{e}$, 자기유도 (magnetic induction) $\mathbf{b}$, 전기변위 (electric displacement) $\mathbf{d}$, 자기장의 강도(magnetic field intensity) $\mathbf{h}$, 자유전류 밀도(free current density) $\mathbf{j}$, 그리고 자유전자 밀도(free charge density) q를 의미한다. 유효장 (Effective fields)은 변형되는 연속체의 임의의 재료질점에 결합된 공동이동 좌표계(co-moving frame)에서 관찰되며, 표준장(standard field)은 고정좌표계(fixed frame)에서 관찰되는 값이다. 표준장과 유효장 사이의 관계는 유일하지 않으며, 가정에 따라 다를 수 있다(Hutter et al., 2007). 본 수식에서는 상대성효과를 무시하여 아래와 같이 표준장과 유효장은 같다고 가정할 수 있다.

$$\bar{\mathbf{e}} = \mathbf{e}, \ \bar{\mathbf{b}} = \mathbf{b}, \ \bar{\mathbf{d}} = \mathbf{d}, \ \bar{\mathbf{h}} = \mathbf{h}, \ \bar{\mathbf{j}} = \mathbf{j}, \text{ and } \bar{q} = q. \tag{3.5}$$

$\mathbf{d}$와 $\mathbf{b}$는 각각 분극벡터(polarization vector) $\mathbf{p}$와 자화벡터(magnetization vector) $\mathbf{m}$에 영향을 받으며 아래와 같이 나타낼 수 있다.

$$\bar{\mathbf{d}} = \varepsilon_0 \bar{\mathbf{e}} + \bar{\mathbf{p}}, \ \mathbf{p} = \bar{\mathbf{p}}, \tag{3.6a}$$

$$\bar{\mathbf{b}} = \mu_0 (\bar{\mathbf{h}} + \bar{\mathbf{m}}), \ \mathbf{m} = \bar{\mathbf{m}}. \tag{3.6b}$$

μ_0와 ε_0는 각각 진공상태에서 투자율(permeability)과 자화율(permittivity)을 의미하며, 이들의 곱은 빛의 속력 c의 제곱의 역수와 같다($\mu_0 \varepsilon_0 = c^{-2}$). 본 공간적, 시간적 프레임에 기반하여 갈릴레이 변환(Galilean transformation)에 기반하여 수식화를 진행한다.

3.2 에너지 법칙

수식 (1.1)의 개념에 기반하여 먼저 임의의 재료의 몸체(material body)의 전역 에너지 균형(global energy balance)을 아래와 같이 고려할 수 있다.

$$\sum \dot{U} = \sum \dot{H} + \sum \dot{S}.$$

(3.7)

왼쪽 항의 $\dot{U}$는 전체 에너지의 시간에 따른 변화율(time rate of the energy change in the body)을 의미한다. 오른쪽 항의 $\dot{H}$와 $\dot{S}$은 각각 체적에 공급되는 에너지의 시간에 따른 변화율(time rate of the energy supplied to the body volume)과 표면을 통해 교환되는 에너지의 시간에 따른 변화율(time rate of the energy exchanged through the surface of the body)을 나타낸다. 2장에 논의된 가정에 기반하여 상대성효과를 고려하지 않아 전자기에너지까지 고려하여 유클리드 공간에서 갈릴레이 불변량에 기반하여 수식을 전개할 수 있다. 이에 따라 수식 (3.7)의 $\dot{U}$은 아래와 같이 구체화될 수 있다.

$$\sum \dot{U} = \dot{U}_I + \dot{U}_{II} + \dot{U}_{III} \, ,$$

(3.8a)

$$\dot{U}_I = \frac{d}{dt} \int_V \rho \epsilon dV,$$

(3.8b)

$$\dot{U}_{II} = \frac{d}{dt} \int_V \frac{1}{2} \rho \mathbf{v} \cdot \mathbf{v} dV,$$

(3.8c)

$$\dot{U}_{III} = \frac{d}{dt} \int_V \frac{1}{2} (\varepsilon_0 \mathbf{e} \cdot \mathbf{e} + \mu_0 \mathbf{h} \cdot \mathbf{h}) dV.$$

(3.8d)

$\dot{U}_I$, $\dot{U}_{II}$,와 $\dot{U}_{III}$는 각각 내부 에너지의 시간 변화율, 운동에너지의 시간변화율, 그리고 전자기장 에너지의 시간변화율(time rates of the internal energy, kinematic energy, and electromagnetic energy density)을 의미한다. V는 재료의 체적영역(material region), 그리고 dV는 부피의 요소(element of volume of V)를, 그리고 ϵ는 비 내부에너지(specific internal energy)를 의미한다. ρ와 ρ_R는 각각 현재의 재료 밀도(current density of the material)와 기준형상의 재료밀도(density of the reference configuration)를 의미한다.

다음은, $\dot{U}$와 같은 방식으로 체적에 제공되는 에너지율(energies supplied to the body volume) $\dot{H}$는 아래와 같이 구체화될 수 있다.

$$\sum \dot{H} = \dot{H}_I + \dot{H}_{II} + \dot{H}_{III} , \tag{3.9a}$$

$$\dot{H}_I = \int_V \rho h_t dV , \tag{3.9b}$$

$$\dot{H}_{II} = \int_V \rho \mathbf{f}_m \cdot \mathbf{v} dV , \tag{3.9c}$$

$$\dot{H}_{III} = \int_V r_m (\rho \epsilon + \tfrac{1}{2} \rho \mathbf{v} \cdot \mathbf{v}) dV . \tag{3.9d}$$

$\dot{H}_I$, $\dot{H}_{II}$,와 $\dot{H}_{III}$는 각각 열에 의해 제공되는 에너지 변화율, 체적력에 의해 제공되는 에너지율, 그리고 질량교환에 의한 에너지 변화율(rates of energy supply due to heat, mechanical body force, and mass transfer)을 의미한다. 각 에너지항에서 h_t는 단위 질량당 열공급률(specific heat supply rate), $\mathbf{f}_m$는 단위 질량당 작용하는 기계적 체적력 벡터(specific mechanical body force vector)를, 그리고 r_m는 단위 질량당 외부로부터 공급되는 질량의 시간당 변화율(specific external rate of mass supply)을 나타낸다.

같은 방식으로 물체 표면을 통해 외부와 주고받는 에너지율(energies exchanged

through the surface) $\dot{S}$는 아래와 같이 구체화된다.

$$\sum \dot{S} = \dot{S}_I + \dot{S}_{II} + \dot{S}_{III} + \dot{S}_{IV}, \qquad (3.10\text{a})$$

$$\dot{S}_I = -\int_{\partial V} \mathbf{q} \cdot \mathbf{n}da, \qquad (3.10\text{b})$$

$$\dot{S}_{II} = \int_{\partial V} \mathbf{t}_m \cdot \mathbf{v}da, \qquad (3.10\text{c})$$

$$\dot{S}_{III} = \int_{\partial V} \{\mathbf{t}_{EM} \cdot \mathbf{v} - (\mathbf{e} \times \mathbf{h}) \cdot \mathbf{n}\}da. \qquad (3.10\text{d})$$

$$\dot{S}_{IV} = -\int_{\partial V} \mu_c \mathbf{I}_c \cdot \mathbf{n}da. \qquad (3.10\text{e})$$

$\dot{S}_I$, $\dot{S}_{II}$, $\dot{S}_{III}$와 $\dot{S}_{IV}$는 각각 열에 의한 표면으로 교환되는 에너지율, 기계적 힘에 의한 표면 에너지 교환율, 전자기장에 의한 표면 에너지 교환율, 그리고 화화적포텐셜에 의한 표면을 통한 에너지 교환율(time rates of energy exchange through the surface ∂V owing to heat, surface force, electromagnetism, and chemical potential)을 나타낸다. ∂V는 표면요소(area element of ∂V), $\mathbf{q}$는 열유속 벡터(heat flux vector), 그리고 $(\mathbf{e} \times \mathbf{h})$는 전자기장에 의한 포인팅벡터(Poynting vector)를 의미한다. $\mathbf{I}_c$는 화학종의 흐름(chemical species flux)을 μ_c는 화학적 포텐셜(chemical potential)을 나타낸다. $\mathbf{t}_m$와 $\mathbf{t}_{EM}$는 각각 기계적 표면력 벡터(mechanical force vector)와 전자기적 표면력 벡터(electromagnetic surface force vector)를 의미한다. 두 표면력 벡터들은는 아래와 같이 정의된다.

$$\mathbf{t}_m = \mathbf{Tn}, \qquad (3.11\text{a})$$

$$\mathbf{t}_{EM} = \mathbf{T}_{EM}\mathbf{n}, \tag{3.11b}$$

$$\mathbf{T}_{EM} = \mathbf{e}\otimes\mathbf{d} + \mathbf{h}\otimes\mathbf{b} - \frac{1}{2}(\varepsilon_0\mathbf{e}\cdot\mathbf{e} + \mu_0\mathbf{h}\cdot\mathbf{h})\mathbf{I}. \tag{3.11c}$$

$\mathbf{T}$와 $\mathbf{T}_{EM}$는 각각 코시응력 텐서(Cauchy stress tensor)와 맥스웰응력 텐서(Maxwell stress tensor)를 나타낸다. 현재의 수식에서 (3.10d)의 $\mathbf{t}_{EM}\cdot\mathbf{v}$항은 표면(surface)을 통하여 전달되는 에너지를 의미하지만 발산정리(divergence theorem) $[\int_{\partial V}\mathbf{a}\cdot\mathbf{n}dA=\int_V\nabla\cdot\mathbf{a}dV]$를 통해 체적에 전달되는 에너지(energy supplied to the material volume)로 변환될 수 있다. 이 경우에는 수식 (3.7)의 $\Sigma\dot{H}$항에 소속이 된다. 자세한 수식변화는 소개된 참고문헌(Hutter et al., 2007)에 자세히 설명이 되어 있으므로 본 책에서는 설명을 생략한다. 수식 (3.8-3.10)의 각 항의 구체화가 된 이후, 레이놀즈 운송 원리(Reynolds' transport theorem) $[\frac{d}{dt}\int_V\mathbf{a}dV = \frac{d}{dt}\int_V(\dot{\mathbf{a}}+\mathbf{a}\nabla\cdot\mathbf{v})dV]$을 활용하여 수식 (3.7)의 전역 에너지 보존(global energy balance)을 아래와 같이 국소화(localization)할 수 있다.

$$\dot{u} = \dot{h} + \dot{s}, \text{ where} \tag{3.12a}$$

$$\dot{u} = (\dot{\rho} + \rho\nabla\cdot\mathbf{v})\left(\epsilon + \frac{1}{2}\rho\mathbf{v}\cdot\mathbf{v}\right) + \rho(\dot{\epsilon} + \mathbf{v}\cdot\dot{\mathbf{v}}) + \tag{3.12b}$$

$$\left\{\varepsilon_0\mathbf{e}\cdot\dot{\mathbf{e}} + \mu_0\mathbf{h}\cdot\dot{\mathbf{h}} + \frac{1}{2}(\varepsilon_0\mathbf{e}\cdot\mathbf{e} + \mu_0\mathbf{h}\cdot\mathbf{h})\nabla\cdot\mathbf{v}\right\},$$

$$\dot{h} = \rho\mathbf{f}_m\cdot\mathbf{v} + \rho h_t + r_m(\rho\epsilon + \frac{1}{2}\rho\mathbf{v}\cdot\mathbf{v}), \tag{3.12c}$$

$$\dot{s} = \mathbf{v}\cdot\nabla\cdot(\mathbf{T} + \mathbf{T}_{EM}) + (\mathbf{T} + \mathbf{T}_{EM})\cdot\nabla\mathbf{v} - \nabla\cdot\mathbf{q} - \nabla\cdot(\mathbf{e}\times\mathbf{h} + \mu_c\mathbf{I}_c). \tag{3.12d}$$

수식 (3.6)과 (3.11)을 활용하면 수식 (3.12a-d)를 아래와 같이 4개의 보존 법칙(balance law)로 분리 할 수 있다.

$$\rho \dot{\mathbf{v}} = \rho \mathbf{f}_m + \nabla \cdot \mathbf{T}_{EM} + \nabla \cdot \mathbf{T}, \tag{3.13a}$$

$$\mathbf{T} - \mathbf{T}^{\mathrm{T}} = \mathbf{T}_{EM}{}^{\mathrm{T}} - \mathbf{T}_{EM} = (\mathbf{p} \otimes \mathbf{e} - \mathbf{e} \otimes \mathbf{p}) + \mu_0(\mathbf{m} \otimes \mathbf{h} - \mathbf{h} \otimes \mathbf{m}), \tag{3.13b}$$

$$\frac{\partial \rho}{\partial t} + \nabla \cdot (\rho \mathbf{v}) = \rho r_m, \tag{3.13c}$$

$$\rho \dot{e} = (\mathbf{T} + \mathbf{T}_{EM}) \cdot \nabla \mathbf{v} + \rho h_t - \nabla \cdot (\mathbf{q} + \mathbf{e} \times \mathbf{h} + \mu_c \mathbf{I}_c) -$$

$$\tag{3.13d}$$

$$\left\{ \varepsilon_0 \mathbf{e} \cdot \dot{\mathbf{e}} + \mu_0 \mathbf{h} \cdot \dot{\mathbf{h}} + \frac{1}{2}(\varepsilon_0 \mathbf{e} \cdot \mathbf{e} + \mu_0 \mathbf{h} \cdot \mathbf{h}) \nabla \cdot \mathbf{v} \right\}.$$

수식 (3.13a)는 선형운동량 보존(linear momentum balance), 그리고 수식 (3.13b)는 각운동량 보존(angular momentum balance)과 연관된다. 수식 (3.13c)는 질량 보존(mass balance)을 그리고 수식 (3.13d)는 에너지 보존(energy balance)을 나타낸다. 수식 (3.13b)에서 보듯이 전자기장의 영향이 있을 때 코시응력은 분극과 잔화에 의해 대칭성을 보장할 수 없고, 코시응력과 맥스웰응력을 모두 고려한 총응력이 대칭이 되어야 한다. 수식 (3.11c)에 의해 수식 (3.13a)의 $\nabla \cdot \mathbf{T}_{EM}$는 아래와 같이 구체화된다.

$$\nabla \cdot \mathbf{T}_{EM} = q\mathbf{e} + \mathbf{j} \times \mathbf{b} + (\nabla \mathbf{e})^{\mathrm{T}} \mathbf{p} + \mu_0(\nabla \mathbf{h})^{\mathrm{T}} \mathbf{m} + \mathbf{d}^* \times \mathbf{b} + \mathbf{d} \times \mathbf{b}^*, \tag{3.14a}$$

$$\text{where, } \mathbf{a}^* = \frac{\partial \mathbf{a}}{\partial t} + \nabla \times (\mathbf{a} \times \mathbf{v}) + \mathbf{v} \nabla \cdot \mathbf{a} = \dot{\mathbf{a}} + \mathbf{a} \nabla \cdot \mathbf{v} - (\nabla \mathbf{v})\mathbf{a}. \tag{3.14b}$$

또한 Kovetz(2000)의 정리에 의해 수식 (3.13d)의 $-\nabla\cdot(\mathbf{e}\times\mathbf{h})$는 아래와 같이 정리될 수 있다.

$$-\nabla\cdot(\mathbf{e}\times\mathbf{h}) = \mathbf{j}\cdot\mathbf{e} + \mathbf{e}\cdot\mathbf{d}^* + \mathbf{h}\cdot\mathbf{b}^*$$

$$= \mathbf{j}\cdot\mathbf{e} + \mathbf{e}\cdot\left[\dot{\mathbf{d}} + \mathbf{d}\nabla\cdot\mathbf{v} - (\nabla\mathbf{v})\mathbf{d}\right] + \mathbf{h}\cdot\left[\dot{\mathbf{b}} + \mathbf{b}\nabla\cdot\mathbf{v} - (\nabla\mathbf{v})\mathbf{b}\right]$$

$$= \mathbf{j}\cdot\mathbf{e} - \mathbf{e}\cdot(\nabla\mathbf{v})\mathbf{d} - \mathbf{h}\cdot(\nabla\mathbf{v})\mathbf{b} + \mathbf{e}\cdot\left[\dot{\mathbf{p}} + \mathbf{p}\nabla\cdot\mathbf{v}\right] + \varepsilon_0\mathbf{e}\cdot\left[\dot{\mathbf{e}} + \mathbf{e}\nabla\cdot\mathbf{v}\right]$$

$$+ \mu_0\mathbf{h}\cdot\left[\dot{\mathbf{m}} + \mathbf{m}\nabla\cdot\mathbf{v}\right] + \mu_0\mathbf{h}\cdot\left[\dot{\mathbf{h}} + \mathbf{h}\nabla\cdot\mathbf{v}\right].$$

(3.15)

수식 (3.13d)의 $\mathbf{T}_{EM}\cdot\nabla\mathbf{v}$ 항은 아래와 같이 정리된다.

$$\mathbf{T}_{EM}\cdot\nabla\mathbf{v} = \left[\mathbf{e}\otimes\mathbf{d} + \mathbf{h}\otimes\mathbf{b} - \frac{1}{2}(\varepsilon_0\mathbf{e}\cdot\mathbf{e} + \mu_0\mathbf{h}\cdot\mathbf{h})\mathbf{I}\right]\cdot\nabla\mathbf{v}$$

$$= \mathbf{e}\otimes\mathbf{d}\cdot\nabla\mathbf{v} + \mu_0\mathbf{h}\otimes\mathbf{b}\cdot\nabla\mathbf{v} - \frac{1}{2}(\varepsilon_0\mathbf{e}\cdot\mathbf{e} + \mu_0\mathbf{h}\cdot\mathbf{h})\nabla\cdot\mathbf{v}.$$

(3.16)

수식 (3.15)와 (3.16)을 수식 (3.13d)에 삽입하면 에너지 평형은 아래와 같이 정리된다.

$$\rho\dot{\varepsilon} = \mathbf{T}\cdot\nabla\mathbf{v} + \rho h_t + \mathbf{j}\cdot\mathbf{e} + \mathbf{e}\cdot\{\dot{\mathbf{p}} + \mathbf{p}\nabla\cdot\mathbf{v}\} +$$

$$\mu_0\mathbf{h}\cdot\{\dot{\mathbf{m}} + \mathbf{m}\nabla\cdot\mathbf{v}\} - \nabla\cdot(\mathbf{q} + \mu_c\mathbf{I}_c).$$

(3.17)

수식 (3.13c)의 질량보존은 아래와 같이 표현이 될 수 있다.

$$\nabla \cdot \mathbf{v} = r_m - \frac{\dot{\rho}}{\rho}. \tag{3.18}$$

수식 (3.18)을 수식 (3.17)에 대입하면 에너지 평형은 아래와 같이 표현될 수도 있다.

$$\rho\dot{\epsilon} = \mathbf{T} \cdot \nabla\mathbf{v} + \rho h_t + \mathbf{j} \cdot \mathbf{e} + \rho\mathbf{e} \cdot \frac{d}{dt}\left(\frac{\mathbf{p}}{\rho}\right) + r_m\rho\mathbf{e} \cdot \left(\frac{\mathbf{p}}{\rho}\right) +$$
$$\rho\mu_0\mathbf{h} \cdot \frac{d}{dt}\left(\frac{\mathbf{m}}{\rho}\right) + r_m\rho\mu_0\mathbf{h} \cdot \left(\frac{\mathbf{m}}{\rho}\right) - \nabla \cdot (\mathbf{q} + \mu_c\mathbf{I}_c). \tag{3.19}$$

수식 (3.14 – 3.19)에 의해 보존법칙들은 아래와 같이 정리가 된다.

$$\rho\dot{\mathbf{v}} = \rho\mathbf{f}_m + q\mathbf{e} + \mathbf{j} \times \mathbf{b} + (\nabla\mathbf{e})^{\mathrm{T}}\mathbf{p} + \mu_0(\nabla\mathbf{h})^{\mathrm{T}}\mathbf{m} + \mathbf{d}^* \times \mathbf{b} + \mathbf{d} \times \mathbf{b}^* + \nabla \cdot \mathbf{T}, \tag{3.20a}$$

$$\mathbf{T} - \mathbf{T}^{\mathrm{T}} = (\mathbf{p}\otimes\mathbf{e} - \mathbf{e}\otimes\mathbf{p}) + \mu_0(\mathbf{m}\otimes\mathbf{h} - \mathbf{h}\otimes\mathbf{m}), \tag{3.20b}$$

$$\dot{\rho} + \rho\nabla \cdot \mathbf{v} = \rho r_m, \tag{3.20c}$$

$$\rho\dot{\epsilon} = \mathbf{T} \cdot \nabla\mathbf{v} + \rho h_t + \mathbf{j} \cdot \mathbf{e} + \rho\mathbf{e} \cdot \frac{d}{dt}\left(\frac{\mathbf{p}}{\rho}\right) + r_m\rho\mathbf{e} \cdot \left(\frac{\mathbf{p}}{\rho}\right) +$$
$$\rho\mu_0\mathbf{h} \cdot \frac{d}{dt}\left(\frac{\mathbf{m}}{\rho}\right) + r_m\rho\mu_0\mathbf{h} \cdot \left(\frac{\mathbf{m}}{\rho}\right) - \nabla \cdot (\mathbf{q} + \mu_c\mathbf{I}_c). \tag{3.20d}$$

질량의 투입이 고려되지 않는 경우($r_m = 0$), 보존법칙은 아래와 같이 단순화된다.

$$\rho\dot{\mathbf{v}} = \rho\mathbf{f}_m + q\mathbf{e} + \mathbf{j} \times \mathbf{b} + (\nabla\mathbf{e})^{\mathrm{T}}\mathbf{p} + \mu_0(\nabla\mathbf{h})^{\mathrm{T}}\mathbf{m} + \mathbf{d}^*$$

$$\times \mathbf{b} + \mathbf{d} \times \mathbf{b}^* + \nabla \cdot \mathbf{T}, \tag{3.21a}$$

$$\mathbf{T} - \mathbf{T}^{\mathrm{T}} = (\mathbf{p}\otimes\mathbf{e} - \mathbf{e}\otimes\mathbf{p}) + \mu_0(\mathbf{m}\otimes\mathbf{h} - \mathbf{h}\otimes\mathbf{m}), \tag{3.21b}$$

$$\dot{\rho} + \rho\nabla \cdot \mathbf{v} = 0, \tag{3.21c}$$

$$\rho\dot{\epsilon} = \mathbf{T} \cdot \nabla\mathbf{v} + \rho h_t + \mathbf{j} \cdot \mathbf{e} + \rho\mathbf{e} \cdot \frac{d}{dt}\left(\frac{\mathbf{p}}{\rho}\right) +$$

$$\rho\mu_0\mathbf{h} \cdot \frac{d}{dt}\left(\frac{\mathbf{m}}{\rho}\right) - \nabla \cdot (\mathbf{q} + \mu_c\mathbf{I}_c). \tag{3.21d}$$

3.3 클라우지우스-뒤엠 부등식(Clausius Duhem inequality)

클라우지우스–뒤엠 부등식(Clausius–Duhem inequality) 조건은 아래와 같이 주어진다.

$$\frac{d}{dt}\int_V \rho\eta dV \geq \int_V \frac{\rho h_t}{\theta} dV - \int_{\partial V} \frac{\mathbf{q} \cdot \mathbf{n}}{\theta} da + \int_V r_m\rho\eta dV. \tag{3.22}$$

η는 단위 질량당 엔트로피(specific entropy) 그리고 θ는 절대온도(absolute temperature)를 의미한다. 레이놀즈 운송 정리(Reynolds' transport theorem)를 활용하면 국소형태의 클라우지우스–뒤엠 부등식(localized form of the Clausius–Duhem inequality)

을 아래와 같이 얻을 수 있다.

$$\rho\dot{\eta} \geq \frac{\rho h_t}{\theta} - \nabla \cdot \left(\frac{\mathbf{q}}{\theta}\right), \tag{3.23a}$$

$$\frac{\partial\rho}{\partial t} + \nabla \cdot (\rho\mathbf{v}) = \rho r_m, \tag{3.23b}$$

단위 질량당 깁스 자유 에너지(Specific Gibbs free energy density) G는 아래와 같이 주어진다.

$$G = \psi + pv, \text{ where } \psi = \epsilon - \eta\theta, \tag{3.24}$$

ψ는 단위 질량당 헤름홀츠 자유 에너지(specific Helmholtz free energy density), p는 단위질량당 압력(specific pressure)을 그리고 v는 단위 질량당 부피(specific volume)를 의미한다. G의 시간당 변화율은 아래와 같이 주어진다.

$$\dot{G} = \dot{\psi} + \dot{p}v + p\dot{v}, \text{ where } \dot{\psi} = \dot{\epsilon} - \dot{\eta}\theta - \eta\dot{\theta} \tag{3.25}$$

수식 (3.17)과 (3.25)를 수식 (3.23a)에 대입하면 비가역 과정과 에너지 소산율(inequality of the thermodynamic dissipation)은 아래와 같이 정리된다.

$$\xi = \mathbf{T} \cdot \nabla\mathbf{v} - \rho\left(\dot{\psi} + \eta\dot{\theta}\right) + \mathbf{j} \cdot \mathbf{e} + \mathbf{e} \cdot \{\dot{\mathbf{p}} + \mathbf{p}\nabla \cdot \mathbf{v}\} +$$

$$\mu_0\mathbf{h} \cdot \{\dot{\mathbf{m}} + \mathbf{m}\nabla \cdot \mathbf{v}\} - \nabla \cdot (\mu_c\mathbf{I}_c) + \theta\mathbf{q} \cdot \nabla\left(\frac{1}{\theta}\right) \geq 0. \tag{3.26}$$

ξ는 에너지 소산율(rate of dissipation)을 의미하며, 비가역현상의 구성방정식
은 수식 (3.26)의 소산 부등식(dissipation inequality)을 만족해야 한다.

3.4 운동학(Kinematics)

수식 (3.21d)와 (3.26)에서, $\nabla \mathbf{v}$는 속도구배(velocity gradient) $\mathbf{L}$을 정의한다
($\mathbf{L}=\nabla \mathbf{v}$). $\mathbf{L}$은 대칭적인 변형률 속도(symmetrical rate of deformation) $\mathbf{D}$와 비대칭적
인 회전률 속도(skew-symmetric rate of spin tensor) $\mathbf{W}$로 분리된다.

$$\mathbf{L} = \mathbf{D} + \mathbf{W}, \tag{3.27a}$$

$$\mathbf{D} = \frac{1}{2}(\mathbf{L} + \mathbf{L}^{\mathrm{T}}), \ \ \mathbf{D} = \mathbf{D}^{\mathrm{T}}, \tag{3.27b}$$

$$\mathbf{W} = \frac{1}{2}(\mathbf{L} - \mathbf{L}^{\mathrm{T}}), \ \ \mathbf{W} = -\mathbf{W}^{\mathrm{T}}. \tag{3.27c}$$

$\mathbf{L}$, $\mathbf{D}$, 과 $\mathbf{W}$는 탄성성분(elastic component), 비탄성성분(inelastic component)과 열
적성분(thermal component)으로 분리될 수 있다.

$$\mathbf{L} = \mathbf{L}_e + \mathbf{L}_{in} + \mathbf{L}_{th}, \tag{3.28a}$$

$$\mathbf{D} = \mathbf{D}_e + \mathbf{D}_{in} + \mathbf{D}_{th}, \tag{3.28b}$$

$$\mathbf{W} = \mathbf{W}_e + \mathbf{W}_{in}. \tag{3.28c}$$

아래첨자 "*e*", "*in*", "*th*"는 각각 탄성성분, 비탄성성분, 그리고 열적성분을 의미한다. $(\mathbf{D}_e, \mathbf{D}_{in}, \mathbf{D}_{th}, \mathbf{W}_e, \mathbf{W}_{in})$는 $(\mathbf{L}_e, \mathbf{L}_{in}, \mathbf{L}_{th})$와 아래의 관계를 정의한다.

$$\mathbf{D}_e = \frac{1}{2}(\mathbf{L}_e + \mathbf{L}_e^{\mathrm{T}}), \ \mathbf{D}_{in} = \frac{1}{2}(\mathbf{L}_{in} + \mathbf{L}_{in}^{\mathrm{T}}), \ \mathbf{D}_{th} = \frac{1}{2}(\mathbf{L}_{th} + \mathbf{L}_{th}^{\mathrm{T}}), \quad (3.29a)$$

$$\mathbf{W}_e = \frac{1}{2}(\mathbf{L}_e - \mathbf{L}_e^{\mathrm{T}}), \ \mathbf{W}_{in} = \frac{1}{2}(\mathbf{L}_{in} - \mathbf{L}_{in}^{\mathrm{T}}). \quad (3.29b)$$

3.5 변형(Deformation)

2장에 논의한 대로 본 수식은 라그랑지안 수식화(Lagrangian formulation)에 기반하여 deformation(변형)을 정의한다. 이에 변형구배텐서(deformation gradient tensor) $\mathbf{F}$는 아래와 같이 정의한다.

$$\mathbf{F} = \frac{\partial \mathbf{x}}{\partial \mathbf{X}_R}, \quad (3.30)$$

$\mathbf{X}_R$는 정의된 변형이 없는 기준상태(undeformed reference configuration)의 위치벡터를 의미한다. $\mathbf{F}$의 시간변화율(time rate)은 아래와 같이 주어진다.

$$\dot{\mathbf{F}} = \mathbf{L}\mathbf{F}. \quad (3.31)$$

Lee's theorem(Lee, 1969)에 기반하여, 변형구배는 아래와 같이 탄성성분(elastic

part) $\mathbf{F}_e$, 비탄성성분(inelastic part) $\mathbf{F}_{in}$, 그리고 열적성분(thermal part) $\mathbf{F}_{th}$로 곱셈적 분해(multiplicatively decomposition)될 수 있다.

$$\mathbf{F} = \mathbf{F}_e \mathbf{F}_{in}\, \mathbf{F}_{th}. \tag{3.32}$$

$\mathbf{F}_{th}$는 열팽창과 관련이 있으며 아래와 같이 주어질 수 있다.

$$\mathbf{F}_{th} = [1 + \alpha_{th}(\theta - \theta_0)]\mathbf{I}. \tag{3.33}$$

α_{th}는 열팽창 계수(thermal expansion coefficient)이고, 그리고 θ_0는 기준 절대온도(reference temperature)를 나타낸다. $\mathbf{I}$는 단위 행렬(identity matrix)이다. α_{th}가 상수가 아닌 온도에 따라 달라진다면 $\mathbf{F}_{th}$는 증분형태로 표현되어 적분되어야 하며, $\dot{\mathbf{F}}_{th}$아래와 같이 주어진다.

$$\dot{\mathbf{F}}_{th} = \mathbf{L}_{th}\mathbf{F}_{th},\ \text{where}\ \ \mathbf{L}_{th} = \frac{\alpha_{th}\dot{\theta}}{[1+\alpha_{th}(\theta-\theta_0)]}\mathbf{I}. \tag{3.34}$$

α_{th}는 온도의 함수로 정의될 수 있다. 수식 (3.28a), (3.31)과 (3.32)에 의해 아래의 관계가 정의될 수 있다.

$$(\mathbf{L}_e + \mathbf{L}_{in} + \mathbf{L}_{th})\mathbf{F} = \dot{\mathbf{F}}_e\mathbf{F}_{in}\, \mathbf{F}_{th} + \mathbf{F}_e\dot{\mathbf{F}}_{in}\, \mathbf{F}_{th} + \mathbf{F}_e\mathbf{F}_{in}\, \dot{\mathbf{F}}_{th}. \tag{3.35}$$

수식 (3.28), (3.34) 그리고 (3.35)을 이용하면, $\mathbf{F}_e$와 $\mathbf{F}_{in}$의 시간변화율(evolution)을 아래와 같이 구할 수 있다.

$$\dot{\mathbf{F}}_e = (\mathbf{L} - \mathbf{L}_{in} - \mathbf{L}_{th})\mathbf{F}_e, \tag{3.36a}$$

$$\dot{\mathbf{F}}_{in} = \left(\mathbf{F}_e^{-1}\mathbf{L}_{in}\mathbf{F}_e\right)\mathbf{F}_{in}. \tag{3.36b}$$

$\mathbf{F}$는 체적 변화률(dilatation) J와 편차성분(distortional part) $\mathbf{F}'$로 분리할 수 있다.

$$J = det\ (\mathbf{F}), \tag{3.37a}$$

$$\mathbf{F}' = J^{-\frac{1}{3}}\mathbf{F}. \tag{3.37b}$$

윗 첨자 ($'$)는 임의의 물리량의 편차성분을 의미한다. 수식 (3.32), (3.33)과 (3.37)에 기반하여 체적 변화률의 각 요소를 아래와 같이 구할 수 있다.

$$J = det(\mathbf{F}) = J_e J_{in} J_{th} = \frac{\rho_\mathrm{R}}{\rho}, \tag{3.38a}$$

$$J_e = det\ (\mathbf{F}_e) = \frac{\rho_0}{\rho}, \tag{3.38b}$$

$$J_{in} = det(\mathbf{F}_{in}), \tag{3.38c}$$

$$J_{th} = det\ (\mathbf{F}_{th}) = [1 + \alpha_{th}(\theta - \theta_0)]^3. \tag{3.38d}$$

ρ_0은 임의의 응력이 증분이 없는 중간상태(intermediate configuration)에서의 밀도(density)를 나타낸다(Lee, 1969; Oller, 2010; Kuhl, 2006). 수식 (3.32)와 (3.38)에 의해 $\mathbf{F}_e$, $\mathbf{F}_{in}$, 그리고 $\mathbf{F}_{th}$의 편차성분은 아래와 같이 정의된다.

$$\mathbf{F}_e{}' = J_e{}^{-\frac{1}{3}}\mathbf{F}_e, \tag{3.39a}$$

$$\mathbf{F}_{in}{}' = J_{in}{}^{-\frac{1}{3}}\mathbf{F}_{in}, \tag{3.39b}$$

$$\mathbf{F}_{th}{}' = J_{th}{}^{-\frac{1}{3}}\mathbf{F}_{th} = \mathbf{I}. \tag{3.39c}$$

수식 (3.34−3.38)에 기반하여, J_e, J_{in}, J_{th}의 시간변화율은 아래와 같이 주어진다.

$$\dot{J} = J(\mathbf{L} \cdot \mathbf{I}), \tag{3.40a}$$

$$\dot{J}_e = J_e \cdot [(\mathbf{L} - \mathbf{L}_{in} - \mathbf{L}_{th}) \cdot \mathbf{I}], \tag{3.40b}$$

$$\dot{J}_{in} = J_{in}(\mathbf{L}_{in} \cdot \mathbf{I}), \tag{3.40c}$$

$$\dot{J}_{th} = J_{th}(\mathbf{L}_{th} \cdot \mathbf{I}) = 3[1 + \alpha_{th}(\theta - \theta_0)]^2 \alpha_{th}\dot{\theta}. \tag{3.40d}$$

상기 수식 (3.39)과 (3.40)에 의해 $\mathbf{F}'$, $\mathbf{F}_e{}'$, $\mathbf{F}_{in}{}'$, $\mathbf{F}_{th}{}'$의 변화는 아래와 같이 계산된다.

$$\dot{\mathbf{F}}' = \mathbf{L}'\,\mathbf{F}', \text{ where } \mathbf{L}' = \mathbf{L} - \frac{1}{3}(\mathbf{L}\cdot\mathbf{I})\mathbf{I} \tag{3.41a}$$

$$\dot{\mathbf{F}}_e{}' = \mathbf{L}'_e\mathbf{F}_e{}', \text{ where } \mathbf{L}'_e = \mathbf{L}_e - \frac{1}{3}(\mathbf{L}_e\cdot\mathbf{I})\mathbf{I} \tag{3.41b}$$

$$\dot{\mathbf{F}}_{in}{}' = [\mathbf{F}_e{}^{-1}\mathbf{L}_{in}\,\mathbf{F}_e - \frac{1}{3}(\mathbf{L}_{th}\cdot\mathbf{I})\mathbf{I}]\mathbf{F}_{in}{}', \tag{3.41c}$$

$$\dot{\mathbf{F}}_{th}{}' = \mathbf{0}. \tag{3.41d}$$

수식 (3.39d)와 (3.41d)는 순수한 열팽창에 의해서는 편차(distortional) 변형이 아닌 부피변형이 일어나는 것을 물리적으로 의미한다. 오른쪽 코시 – 그린 변형 텐서(Right Cauchy-Green deformation tensor) $\mathbf{C}$와 왼쪽 코시 – 그린 변형 텐서(left Cauchy-Green deformation tensor) $\mathbf{B}$는 아래와 같이 정의된다.

$$\mathbf{C} = \mathbf{F}^{\mathrm{T}}\mathbf{F}, \quad \mathbf{C}' = \mathbf{F}'^{\mathrm{T}}\mathbf{F}', \tag{3.42a}$$

$$\mathbf{C} = \mathbf{F}\mathbf{F}^{\mathrm{T}}, \quad \mathbf{B}' = \mathbf{F}'\mathbf{F}'^{\mathrm{T}}. \tag{3.42b}$$

$\mathbf{C}$와 $\mathbf{B}$의 탄성성분은 아래와 같이 주어진다.

$$\mathbf{C}_e = \mathbf{F}_e{}^{\mathrm{T}}\mathbf{F}_e, \quad \mathbf{C}_e{}' = \mathbf{F}_e{}'^{\mathrm{T}}\mathbf{F}_e{}', \tag{3.43a}$$

$$\mathbf{B}_e = \mathbf{F}_e\mathbf{F}_e{}^{\mathrm{T}}, \quad \mathbf{B}_e{}' = \mathbf{F}_e{}'\mathbf{F}_e{}'^{\mathrm{T}}. \tag{3.43b}$$

그린–라그랑지안 변형률 텐서(Green-Lagrangian strain tensor) $\mathbf{E}$와 (오일러-알만시 변

형률 텐서)Eulerian−Almansi strain tensor $\boldsymbol{\varepsilon}$와 이들의 탄성성분은 아래와 같이 정의된다.

$$E = \frac{1}{2}(C - I), \tag{3.44a}$$

$$E_e = \frac{1}{2}(C_e - I), \tag{3.44b}$$

$$E_e = \frac{1}{2}(C_e - I), \tag{3.44c}$$

$$\varepsilon_e = \frac{1}{2}\left(I - B_e{}^{-1}\right). \tag{3.44d}$$

3.6 자유에너지와 응력(Free energy and Stress)

자유에너지의 변화는 시스템이 일정한 온도에서 공정에서 수행할 수 있는 최대 일량이며, 따라서 가역적 변화에 의한 항들에 영향을 받는다. 먼저 전자기장(electromagnetism)의 분극과 자화 관련된 항들은 가역적(reversible) 그리고 비가역적(irreversible) 부분들로 나눌 수 있다(Lee, 2021).

$$\bar{\mathbf{p}} = \bar{\mathbf{p}}^{re} + \bar{\mathbf{p}}^{i} \,,\ \ \bar{\mathbf{p}}^{re} = \mathbf{p}^{re} \,,\ \ \bar{\mathbf{p}}^{i} = \mathbf{p}^{i} \,, \tag{3.45a}$$

$$\bar{\mathbf{m}} = \bar{\mathbf{m}}^{re} + \bar{\mathbf{m}}^{i} \,,\ \ \bar{\mathbf{m}}^{re} = \mathbf{m}^{re} \,,\ \ \bar{\mathbf{m}}^{i} = \mathbf{m}^{i} \,. \tag{3.45b}$$

수식 (3.45)의 윗첨자 '*re*'와 '*ir*'는 각각 가역적 성분(reversible part)과 비가역적 성분(irreversible part)을 의미한다. 이들의 시간적 변화항은 다음과 같이 정의된다.

$$\dot{\bar{\mathbf{p}}} = \dot{\bar{\mathbf{p}}}^{re} + \dot{\bar{\mathbf{p}}}^{ir}, \quad \dot{\bar{\mathbf{p}}}^{re} = \dot{\mathbf{p}}^{re}, \quad \dot{\bar{\mathbf{p}}}^{ir} = \dot{\mathbf{p}}^{ir}, \tag{3.46a}$$

$$\dot{\bar{\mathbf{m}}} = \dot{\bar{\mathbf{m}}}^{re} + \dot{\bar{\mathbf{m}}}^{ir}, \quad \dot{\bar{\mathbf{m}}}^{re} = \dot{\mathbf{m}}^{re}, \quad \dot{\bar{\mathbf{m}}}^{ir} = \dot{\mathbf{m}}^{ir}. \tag{3.46b}$$

또한 Green과 Naghdi[1971] 그리고 Casey와 Naghdi[1980]가 논의했듯이, 변형구배의 곱셈적 분해는 불변성 요구사항(invariance requirement)의 일반성을 보장하지 않는다. 이 수학적 문제를 해결하기 위한 한 가지 접근법은 자유에너지를 $\mathbf{C}_e$의 등방성 함수(isotropic function)로 정의하는 것이다(Lee, 1969; Casey와 Naghdi, 1980; Lee, 2024). 이 가정에 기반하여, 단위 질량당 헤름홀츠 자유에너지 ψ를 $(J_e, \mathbf{C}_e', \theta, \frac{\mathbf{p}^{re}}{\rho}, \frac{\mathbf{m}^{re}}{\rho}, I_R)$의 함수로 아래와 같이 정의할 수 있다.

$$\psi = \psi(J_e, \mathbf{C}_e', \theta, \frac{\mathbf{p}^{re}}{\rho}, \frac{\mathbf{m}^{re}}{\rho}, I_R). \tag{3.47}$$

I_R는 단위 질량당 화학 종의 몰농도(molar concentration of the chemical species per unit mass)를 나타낸다. ψ의 시간적 변화율은 아래와 같이 정의된다.

$$\dot{\psi} = \frac{\partial \psi}{\partial J_e} \dot{J}_e + \frac{\partial \psi}{\partial \mathbf{C}_e'} \cdot \dot{\mathbf{C}}_e' + \frac{\partial \psi}{\partial \theta} \dot{\theta} + \frac{\partial \psi}{\partial(\frac{\mathbf{p}^{re}}{\rho})} \cdot \frac{d}{dt}(\frac{\mathbf{p}^{re}}{\rho}) +$$

$$\tag{3.48}$$

$$\frac{\partial \psi}{\partial(\frac{\mathbf{m}^{re}}{\rho})} \cdot \frac{d}{dt}(\frac{\mathbf{m}^{re}}{\rho}) + \frac{\partial \psi}{\partial I_R} \dot{I}_R.$$

수식 (3.21d)와 (3.24)에 기반하여 온도, 분극밀도와 자화밀도에 연관된 항들의 관계를 아래와 같이 유추가 가능한다.

$$\frac{\partial \psi}{\partial \theta} = -\eta, \tag{3.49a}$$

$$\frac{\partial \psi}{\partial (\frac{\mathbf{p}^{re}}{\rho})} = \mathbf{e}, \tag{3.49b}$$

$$\frac{\partial \psi}{\partial (\frac{\mathbf{m}^{re}}{\rho})} = \mu_0 \mathbf{h}. \tag{3.49c}$$

수식 (3.5), (3.29), (3.40), (3.41), (3.43), (3.48), (3.49)를 수식 (3.26)에 대입하면 부등조건(inequality condition)은 아래와 같이 정리된다.

$$\xi = \left[\mathbf{T} - \rho_0 \frac{\partial \psi}{\partial J_e} \mathbf{I} - 2 \frac{\rho_0}{J_e} \mathbf{F}_e{}' \frac{\partial \psi}{\partial \mathbf{C}_e{}'} \mathbf{F}_e{}'^{\mathrm{T}} + \frac{2}{3} \frac{\rho_0}{J_e} \left(\mathbf{F}_e{}' \frac{\partial \psi}{\partial \mathbf{C}_e{}'} \mathbf{F}_e{}'^{\mathrm{T}} \cdot \mathbf{I} \right) \mathbf{I} \right]$$

$$\cdot \mathbf{D}_e + \mathbf{T} \cdot \mathbf{D}_{in} - \rho \frac{\partial \psi}{\partial I_R} \dot{I}_R + \mathbf{\bar{J}} \cdot \mathbf{\bar{e}} + \mathbf{e} \cdot \left[\dot{\mathbf{p}}^{r} - \frac{\dot{\rho}}{\rho} \mathbf{p}^{r} + r_m \mathbf{p} \right] + \tag{3.50}$$

$$\mu_0 \mathbf{h} \cdot \left[\dot{\mathbf{m}}^{r} - \frac{\dot{\rho}}{\rho} \mathbf{m}^{r} + r_m \mathbf{m} \right] - \nabla \cdot (\mu_c \mathbf{I}_c) + \theta \mathbf{q} \cdot \nabla(\frac{1}{\theta}) \geq 0.$$

수식 (3.50)에서 오른쪽 항의 첫번째 대괄호 안의 수식은 아래와 같이 정리된다.

$$\left[\mathbf{T} - \rho_0 \left(\frac{\partial \psi}{\partial J_e} \mathbf{I} + 2 \frac{1}{J_e} \left(\mathbf{F}_e{'} \frac{\partial \psi}{\partial \mathbf{C}_e{'}} \mathbf{F}_e{'}^{\mathrm{T}} \right)^{''} \right) \right] \cdot \mathbf{D}_e, \tag{3.51a}$$

$$\text{where } \left(\mathbf{F}_e{'} \frac{\partial \psi}{\partial \mathbf{C}_e{'}} \mathbf{F}_e{'}^{\mathrm{T}} \right)^{''} = \mathbf{F}_e{'} \frac{\partial \psi}{\partial \mathbf{C}_e{'}} \mathbf{F}_e{'}^{\mathrm{T}} - \frac{1}{3} \left(\mathbf{F}_e{'} \frac{\partial \psi}{\partial \mathbf{C}_e{'}} \mathbf{F}_e{'}^{\mathrm{T}} \cdot \mathbf{I} \right) \mathbf{I}. \tag{3.51b}$$

또한, 초탄성 재료(hyperelastic material)에서 코시응력의 일반적인 정의는 ψ의 도함수를 구하여 다음과 같이 도출할 수 있다.

$$\mathbf{T} = -p\mathbf{I} + \mathbf{T}^{''}, \text{ where} \tag{3.52a}$$

$$p = -\rho_0 \frac{\partial \psi}{\partial J_e}, \tag{3.52b}$$

$$\mathbf{T}^{''} = 2 \frac{\rho_0}{J_e} \left(\mathbf{F}_e{'} \frac{\partial \psi}{\partial \mathbf{C}_e{'}} \mathbf{F}_e{'}^{\mathrm{T}} \right)^{''}$$

$$\tag{3.52c}$$

$$= 2 \frac{\rho_0}{J_e} \left[\mathbf{F}_e{'} \frac{\partial \psi}{\partial \mathbf{C}_e{'}} \mathbf{F}_e{'}^{\mathrm{T}} - \frac{1}{3} \left(\mathbf{F}_e{'} \frac{\partial \psi}{\partial \mathbf{C}_e{'}} \mathbf{F}_e{'}^{\mathrm{T}} \cdot \mathbf{I} \right) \mathbf{I} \right].$$

ψ의 구체적인 형태는 문제에 따르게 다르게 정의될 수 있으며 이에 따라 코시응력 $\mathbf{T}$도 구체화 된다.

3.7 에너지소산 비평등조건(Energy dissipation inequality)

수식 (3.52)을 수식 (3.51)에 대입하면 수식 (3.51)는 0이 되어 수식 (3.50)의 소산 부등조건(dissipation inequality) 조건에서 오른쪽 항의 첫번째 대괄호 항은 사라진다.

$$\xi = \mathbf{T} \cdot \mathbf{D}_{in} - \rho \frac{\partial \psi}{\partial I_R} \dot{I}_R + \mathbf{j} \cdot \mathbf{e} + \mathbf{e} \cdot \left[\dot{\mathbf{p}}^{\dot{r}} - \frac{\dot{\rho}}{\rho} \mathbf{p}^{\dot{r}} + r_m \mathbf{p} \right] +$$

$$\mu_0 \mathbf{h} \cdot \left[\dot{\mathbf{m}}^{\dot{r}} - \frac{\dot{\rho}}{\rho} \mathbf{m}^{\dot{r}} + r_m \mathbf{m} \right] - \nabla \cdot (\mu_c \mathbf{I}_c) + \theta \mathbf{q} \cdot \nabla(\frac{1}{\theta}) \geq 0. \tag{3.53}$$

$\mathbf{T}$와 $\mathbf{D}_{in}$는 정수압 성분(hydrostatic part)과 편차성분(deviatoric part)으로 분리될 수 있으며, 아래의 관계를 만족한다.

$$\mathbf{T} = \mathbf{T}^{hydro} + \mathbf{T}'', \text{ where } \mathbf{T}^{hydro} = \frac{1}{3} tr(\mathbf{T})\mathbf{I} = -p\mathbf{I}, \ \mathbf{T}'' \cdot \mathbf{I} = 0, \tag{3.54a}$$

$$\mathbf{D}_{in} = \mathbf{D}_{in}^{hydro} + \mathbf{D}_{in}'', \text{ where } \mathbf{D}_{in}^{hydro} = \frac{1}{3} tr(\mathbf{D}_{in})\mathbf{I}, \ \mathbf{D}_{in}'' \cdot \mathbf{I} = 0. \tag{3.54b}$$

수식 (3.54)를 (3.53)에 대입하면 에너지소산율은 아래와 같이 정리된다.

$$\xi = \mathbf{T}^{hydro} \cdot \mathbf{D}_{in}^{hydro} + \mathbf{T}'' \cdot \mathbf{D}_{in}'' - \rho \frac{\partial \psi}{\partial I_R} \dot{I}_R + \mathbf{j} \cdot \mathbf{e} + \mathbf{e} \cdot \left[\dot{\mathbf{p}}^{ir} - \frac{\dot{\rho}}{\rho} \mathbf{p}^{ir} \right.$$

$$\left. + r_m \mathbf{p} \right] + \mu_0 \mathbf{h} \cdot \left[\dot{\mathbf{m}}^{ir} - \frac{\dot{\rho}}{\rho} \mathbf{m}^{ir} + r_m \mathbf{m} \right] - \nabla \cdot (\mu_c \mathbf{I}_c) + \theta \mathbf{q} \cdot \nabla(\frac{1}{\theta}) \geq 0. \tag{3.55}$$

3.8 물질 흐름(Material flux)

물리량의 흐름(Physical flux)은 일반적으로 원천소스의 구배(gradient of source)와 상수(flux constant)로 모델링을 할 수 있다(Leo et al., 2015; Shim et al., 2024; Park et al.,

2024). 수식 (3.55)에 기반하면 에너지 소산에 미치는 영향을 화학적 포텐셜과 압력의 구배에 의한 흐름(flux)으로 정의할 수 있다.

$$\mathbf{I}_c = -m_c \nabla(\mu_c), \text{ where} \tag{3.56a}$$

$$\mu_c = \left(\rho \frac{\partial \psi}{\partial I_R} + p\right). \tag{3.56b}$$

m_m는 환산의 상수(diffusion coefficient)이며 문제에 따라 다르게 정의된다. 수식 (3.56)에 의하여 수식 (3.55)의 소산의 시간에 따른 변화율(rate of dissipation)의 $-\nabla \cdot (\mu_c \mathbf{I}_c)$항은 아래와 같이 정리될 수 있다.

$$-\nabla \cdot (\mu_c \mathbf{I}_c) = m_c \nabla(\mu_c) \cdot \nabla(\mu_c) + m_c \left(\rho \frac{\partial \psi}{\partial I_R} + \right.$$

$$\left. p\right) \mathbf{I} \cdot \sum_{i=1}^{3} \left[\nabla \left(\nabla \left(\rho \frac{\partial \psi}{\partial I_R} + p\right)\right) \cdot (\bar{\mathbf{e}}_i \otimes \bar{\mathbf{e}}_i)\right] \bar{\mathbf{e}}_i \otimes \bar{\mathbf{e}}_i. \tag{3.57}$$

수식 (3.56–3.57)을 수식 (3.55)에 대입하면 소산의 시간에 따른 변화율을 아래와 같이 정리할 수 있다.

$$\xi = \mathbf{T}^{hydro} \cdot \left[\mathbf{D}_{\dot{n}}^{hydro} - m_c \mathbf{G}\right] + \mathbf{T}^{''} \cdot \mathbf{D}_{\dot{n}}^{''} + $$

$$\rho \frac{\partial \psi}{\partial I_R} \left[\nabla \cdot \mathbf{I}_c - \dot{I}_R\right] + \mathbf{j} \cdot \mathbf{e} + \mathbf{e} \cdot \tag{3.58a}$$

$$\left[\dot{\mathbf{p}}^{\dot{t}} - \frac{\dot{\rho}}{\rho}\mathbf{p}^{\dot{t}} + r_m\mathbf{p}\right] + \mu_0\mathbf{h}\cdot\left[\dot{\mathbf{m}}^{\dot{t}} - \frac{\dot{\rho}}{\rho}\mathbf{m}^{\dot{t}} + r_m\mathbf{m}\right] +$$

$$m_c\nabla(\mu_c)\cdot\nabla(\mu_c) + \theta\mathbf{q}\cdot\nabla\left(\tfrac{1}{\theta}\right) \geq 0, \quad \text{where} \tag{3.58b}$$

$$\mathbf{G} = \sum_{i=1}^{3}\left[\nabla\left(\nabla\left(\rho\frac{\partial\psi}{\partial I_R} + p\right)\right)\cdot(\bar{\mathbf{e}}_i\otimes\bar{\mathbf{e}}_i)\right]\bar{\mathbf{e}}_i\otimes\bar{\mathbf{e}}_i.$$

또한 물질의 흐름(material flux) $\mathbf{I}_c$가 새로운 물질을 생성하지 않고 흐름만 만들어 낸다고 하면 수식 (3.13c)의 오른쪽 항이 0이 되며(r_m=0), 아래의 조건을 만족한다.

$$\nabla\cdot\mathbf{I}_c - \dot{i}_R = 0. \tag{3.59}$$

$(\mathbf{D}_{in}^{hydro}, \mathbf{D}_{in}'', \mathbf{p}^{ir}, \mathbf{m}^{ir}, \mathbf{I}_c, \mathbf{q})$는 구성방정식을 정의해야 하며, 이 구성방정식은 수식 (3.58)의 소산의 부등식을 만족해야 한다. 일반적인 상황에서 외부 질량의 유입(external mass supply), 비가역적 분극(irreversible polarization)과 비가역적 자화(irreversible magnetization)를 무시할 수 있는 경우가 많으며 또한 수식 (3.59)를 수식 (3.58a)에 대입하면, 이 상황에서 소산의 부등식은 아래와 같이 단순화될 수 있다.

$$\mathbf{T}^{hydro}\cdot\left[\mathbf{D}_{in}^{hydro} - m_c\mathbf{G}\right] + \mathbf{T}''\cdot\mathbf{D}_{in}'' + \mathbf{j}\cdot\mathbf{e} + \tag{3.60a}$$

$$m_c\nabla(\mu_c)\cdot\nabla(\mu_c) + \theta\mathbf{q}\cdot\nabla\left(\tfrac{1}{\theta}\right) \geq 0, \quad \text{where}$$

$$r_m = 0, \tag{3.60b}$$

$$\mathbf{p}^{\dot{r}} = \mathbf{0}, \tag{3.60c}$$

$$\mathbf{m}^{\dot{r}} = \mathbf{0}. \tag{3.60d}$$

본 책의 비가역적 현상의 구성방정식 전개에 있어서 이 단순화 가정을 받아들여 전개한다. 구성방정식의 자세한 유도는 다음장에서 수행한다.

References

Casey, J., & Naghdi, P. M. (1980). A remark on the use of the decomposition F=FeFp in plasticity. *J. Appl. Mech., 47*(3), 672–675.

Green, A. E., & Naghdi, P. M. (1971). Some remarks on elastic–plastic deformation at finite strain. *Int. J. Eng. Sci., 9*(12), 1219–1229.

Hutter, K., Ven, A. A., & Ursescu, A. (2007). *Electromagnetic field matter interactions in thermoelastic solids and viscous fluids.* Springer, Berlin and Heidelberg.

Kovetz, A. (2000). *Electromagnetic theory.* Oxford University Press.

Kuhl, E., Maas, R., Himpel, G., & Menzel, A. (2007). Computational modeling of arterial wall growth: Attempts towards patient-specific simulations based on computer tomography. *Biomech. Model. Mechanobiol., 6*, 321–331.

Lee, E. H. (1969). Elastic–plastic deformation at finite strains. *J. Appl. Mech., 36*, 1–6.

Lee, E. H. (2021). A model for irreversible deformation phenomena driven by hydrostatic stress, deviatoric stress and an externally applied field. *Int. J. Eng. Sci., 169*, 103573.

Oller, S., Bellomo, F. J., Armero, F., & Nallim, L. G. (2010). A stress-driven growth model for soft tissue considering biological availability. *IOP Conf. Ser. Mater. Sci. Eng., 10*, 012121.

4장 비가역현상의 구성방정식
Constitutive equation of irreversible phenomena

4.1 에너지소산 비평등조건(Energy dissipation inequality)

Lee(2021)와 Lee and Beak(2021)은 최근 다중물리시스템에서 결합된 비가역적 현상(coupled-irreversible phenomena)을 효과적으로 모델링하기 위하여 소산함수집합(dissipation function set)을 정의하는 수학적 접근법을 제시하였다. 소산함수집합 $\boldsymbol{\varphi}$는 아래와 같이 정의될 수 있다.

$$\xi = \boldsymbol{\varphi}^{\mathrm{T}} \boldsymbol{\beta} \boldsymbol{\Gamma} \geq 0, \text{ where} \tag{4.1a}$$

$$\boldsymbol{\varphi} = \begin{bmatrix} \varphi_h & \varphi_d & \varphi_e & \varphi_c & \varphi_t \end{bmatrix}^{\mathrm{T}}, \tag{4.1b}$$

$$\boldsymbol{\beta} = \mathbf{I}, \tag{4.1c}$$

$$\boldsymbol{\Gamma} = \begin{bmatrix} \Gamma_h & \Gamma_d & \Gamma_e & \Gamma_c & \Gamma_t \end{bmatrix}^{\mathrm{T}}. \tag{4.1d}$$

φ_h, φ_d, φ_e, φ_c 그리고 φ_t는 각 물리현상에 따른 소산함수들이다. φ_h는 정수압관련(hydrostatic pressure), φ_d는 편차 비탄성 변형관련(deviatoric inelastic deformation), φ_e는 전기적 영향(electrical dissipation), φ_c는 화학적 영향(chemical effect), 그리고 φ_t는 열적소산 영향(thermal dissipation)에 각각 연관이 된다. 수식 (4.1b)에서 $\boldsymbol{\beta}$가 단위행렬(identity matrix)로 정의를 하면 각 소산함수끼리 독립적(independent)으로 정의가 된다. $\boldsymbol{\beta}$가 단위행렬이 아닐 경우 소산함수들끼리 서로 영향을 주고 받게 되며 이러한 상항에 대한 물리적, 수학적 상황은 Lee(2021)에 자세히 설명이 되어 있다. 많은 경우에 있어서 $\boldsymbol{\beta}$가 단위행렬일 경우, 각 비가역적 현상을 독립적으로 정의하여 효과적이고(effective) 단순하게(simple) 정의할 수 있으며, 본 책에서는 수식 (4.1c)의 가정을 활용하여 구성방정식을 정의한다. 물리적으로 소산함수집합 $\boldsymbol{\varphi}$의 편미분은 비가역적 현상의 방향성을 나타내며, 수식 (4.1d)의 $\boldsymbol{\Gamma}$항들을 각 비가역적 현상의 크기를 조절하며, 이들은 음이 아닌 실수 값들(non-negative scalar function)로 구성된다.

수식 (3.60)과 (4.1)에 의해 아래와 같은 관계가 정의가 된다.

$$\varphi_h \Gamma_h = \mathbf{T}^{hydro} \cdot \left[\mathbf{D}_{in}^{hydro} - \right.$$

$$\left. m_c \sum_{i=1}^{3} \left[\nabla \left(\nabla \left(\rho \frac{\partial \psi}{\partial I_R} + p \right) \right) \cdot (\bar{\mathbf{e}}_i \otimes \bar{\mathbf{e}}_i) \right] \bar{\mathbf{e}}_i \otimes \bar{\mathbf{e}}_i \right], \tag{4.2a}$$

$$\varphi_d \Gamma_d = \mathbf{T}'' \cdot \mathbf{D}_{in}'', \tag{4.2b}$$

$$\varphi_e \Gamma_e = \mathbf{j} \cdot \mathbf{e}, \tag{4.2c}$$

$$\varphi_c \Gamma_c = m_c \nabla(\mu_c) \cdot \nabla(\mu_c), \tag{4.2d}$$

$$\varphi_t \Gamma_t = \theta \mathbf{q} \cdot \nabla \left(\tfrac{1}{\theta}\right) \qquad \text{(4.2e)}$$

수식 (4.2)를 통하여 각 비가역적 현상의 구성방정식을 정의할 수 있으며, 자세한 사항은 아래의 섹션들에 자세히 논의한다.

4.2. 비가역적 체적변화에 대한 구성방정식
(Constitutive equation of volumetric inelastic deformation)

수식 (4.2a)에서 φ_h를 정수압 $\mathbf{T}^{hydro}$의 함수로 정의할 수 있다[$\varphi_h = \varphi_h (\mathbf{T}^{hydro})$]. 이를 통하여 φ_h의 증분(increment)은 아래와 같이 구해진다.

$$d\varphi_h = \frac{\partial \varphi_h (\mathbf{T}^{hydro})}{\partial \mathbf{T}^{hydro}} \cdot d\mathbf{T}^{hydro}. \qquad \text{(4.3)}$$

또한 수식 (4.2a)의 증분형태는 아래와 같이 구해진다.

$$d\varphi_h \Gamma_h + \varphi_h d\Gamma_h =$$

$$d\mathbf{T}^{hydro} \cdot \left[\mathbf{D}_{\mathbf{in}}^{hydro} - m_c \sum_{i=1}^{3} \left[\nabla \left(\nabla \left(\rho \frac{\partial \psi}{\partial I_R} + p \right) \right) \cdot (\bar{\mathbf{e}}_i \otimes \bar{\mathbf{e}}_i) \right] \bar{\mathbf{e}}_i \otimes \bar{\mathbf{e}}_i \right] + \qquad \text{(4.4)}$$

$$\mathbf{T}^{hydro} \cdot d \left[\mathbf{D}_{\mathbf{in}}^{hydro} - m_c \sum_{i=1}^{3} \left[\nabla \left(\nabla \left(\rho \frac{\partial \psi}{\partial I_R} + p \right) \right) \cdot (\bar{\mathbf{e}}_i \otimes \bar{\mathbf{e}}_i) \right] \bar{\mathbf{e}}_i \otimes \bar{\mathbf{e}}_i \right].$$

수식 (4.4)에서 좌측과 우측변의 첫번째 항이 같다고 가정을 하면 아래와 같은 관계식을 얻을 수 있다.

$$d\mathbf{T}^{hydro} \cdot \frac{\partial \varphi_h(\mathbf{T}^{hydro})}{\partial \mathbf{T}^{hydro}} \Gamma_h = d\mathbf{T}^{hydro} \cdot \left[\mathbf{D}_{in}^{hydro} - \right.$$

$$\left. m_c \sum_{i=1}^{3} \left[\nabla \left(\nabla \left(\rho \frac{\partial \psi}{\partial I_R} + p \right) \right) \cdot (\bar{\mathbf{e}}_i \otimes \bar{\mathbf{e}}_i) \right] \bar{\mathbf{e}}_i \otimes \bar{\mathbf{e}}_i \right].$$

(4.5)

수식 (4.5)를 통하여 $\mathbf{D}_{in}^{hydro}$의 구성방정식은 아래와 같이 얻을 수 있다.

$$\mathbf{D}_{in}^{hydro} = \frac{\partial \varphi_h(\mathbf{T}^{hydro})}{\partial \mathbf{T}^{hydro}} \Gamma_h +$$

$$m_c \sum_{i=1}^{3} \left[\nabla \left(\nabla \left(\rho \frac{\partial \psi}{\partial I_R} + p \right) \right) \cdot (\bar{\mathbf{e}}_i \otimes \bar{\mathbf{e}}_i) \right] \bar{\mathbf{e}}_i \otimes \bar{\mathbf{e}}_i.$$

(4.6)

φ_h는 정수압에 의존하는 스칼라장 함수(scalar-field function)이고, Γ_h는 음이 아닌 스칼라함수(non-negative scalar function)이며, 이들의 형태는 문제의 정의에 따라 정의하여 사용할 수 있다. 본 책에서는 Oller et al., (2010); Lee and Baek, (2021); Lee, (2021)를 참고하여 다음과 같이 간단히 정의한다.

$$\varphi_h = \sqrt{\frac{1}{3}(\mathbf{T}^{hydro} \cdot \mathbf{T}^{hydro})} = \sqrt{\frac{1}{3}\left(\frac{1}{3}tr(\mathbf{T})\mathbf{I}\right) \cdot \left(\frac{1}{3}tr(\mathbf{T})\mathbf{I}\right)} = \frac{1}{3}tr(\mathbf{T}), \quad (4.7a)$$

$$\Gamma_h = a_L \left\langle \tfrac{1}{3} tr(\mathbf{T}) - p_h \right\rangle, \text{ where } \langle x \rangle = \max(x, 0) \text{ and } 0 \leq a_L. \qquad (4.7b)$$

a_L역시 음이 아닌 상수이며, Γ_h의 크기를 조절한다. p_h는 비탄성 체적 변화(volumetric inelastic deformation)를 촉발시키는 하나의 기준 정수압 값(hydrostatic pressure value)을 의미한다. $\langle\ \rangle$는 Macaulay bracket이다. 수식 (4.6)을 (4.7)에 대입하여, 비가역적 체적변화 $\mathbf{D}_{hydro}^{in}$의 구성방정식은 아래와 같이 구체화할 수 있다.

$$\mathbf{D}_{in}^{hydro} = \frac{1}{3} a_L \langle \mathbf{T}^{hydro} - p_h \rangle \mathbf{I} +$$

$$(4.8)$$

$$m_c \sum_{i=1}^{3} \left[\nabla \left(\nabla \left(\rho \frac{\partial \psi}{\partial I_R} + p \right) \right) \cdot (\bar{\mathbf{e}}_i \otimes \bar{\mathbf{e}}_i) \right] \bar{\mathbf{e}}_i \otimes \bar{\mathbf{e}}_i.$$

식 (4.8)에서, $\mathbf{D}_{hydro}^{in}$의 첫 번째 항은 $\mathbf{T}^{hydro}$의 영향을 받으며, 질량생성(mass generation)에 의한 mass변화를 포함하는 부피의 비가역적 변형을 설명하는 많이 사용된다(Kuhl, 2006; Oller et al., 2010; Lee and Baek, 2021). 두 번째 항은 질량의 변화는 없이 물질의 흐름(material flux)에 의한 부피의 비가역적 변화를 모사한다. 문제의 정의에 따라서 각 항들을 활용하여 부피의 비가역적 변화를 설명한다.

4.3 비가역적 변화(소성변형)에 대한 구성방정식
(Constitutive equation of deviatoric inelastic deformation)

4.3.1 전통적 매크로관점의 소성변형(Classical macro scale plastic deformation)

편차 비탄성 변형(deviatoric inelastic deformation) $\mathbf{D}_{in}''$은 소성변형(plastic deformation) 과 연관되어 있다. $\mathbf{D}_{in}^{hydro}$를 유도할 때와 마찬가지로 수식 (4.3b)의 증분형태 는 다음과 같이 구할 수 있다.

$$d\varphi_d \Gamma_d + \varphi_d d\Gamma_d = d\mathbf{T}'' \cdot \mathbf{D}_{in}'' + \mathbf{T}'' \cdot d\mathbf{D}_{in}''. \tag{4.9}$$

φ_d는 $\mathbf{T}''$의 함수로 정의될 수 있으며$[\varphi_d = \varphi_d(\mathbf{T}'')]$, 이를 통하여 수식 (4.9) 의 좌변, 우변의 각 왼쪽항은 아래와 같이 정리될 수 있다.

$$\frac{\partial \varphi_d}{\partial \mathbf{T}''} \Gamma_d \cdot d\mathbf{T}'' = \mathbf{D}_{in}'' \cdot d\mathbf{T}''. \tag{4.10}$$

수식 (4.10)을 통하여 $\mathbf{D}_{in}''$는 아래와 같이 정리된다.

$$\mathbf{D}_{in}'' = \Gamma_d \overline{\mathbf{D}}_{in}'', \text{ where} \tag{4.11a}$$

$$\overline{\mathbf{D}}_{in}'' = \frac{\partial \varphi_d}{\partial \mathbf{T}''}, \; \Gamma_d = \dot{\kappa} \tag{4.11b}$$

수식 (4.11)은 소성유동 이론(plastic flow rule theory) (Rubin, 1994; Stoughton and Yoon,

2004; Lee, 2021)과 동일하다. $\bar{\mathbf{D}}''_{in}$는 소성변형의 방향을 Γ_d는 소성변형의 크기를 각각 제어한다. κ는 경화변수(hardening variable)이며, 많은 상황에서 유효소성변형률(effective plastic strain)로 정의될 수 있다. 편차 비탄성변형 함수 φ_d을 정의하는 데 있어서 일반적으로 두 가지 방법이 있다. φ_d을 항복함수(yield function)와 동일하다고 가정하는 것을 연관 소성 유동법칙(associated-flow rule)(Hill 1948; Barlat et al., 2003; Cazacu et al., 2004; Lee et al., 2017b; 2018), φ_d을 항복함수(yield function)와 독립적이라고 가정하는 것을 비연관 소성 유동법칙(non-associted flow rule)(Stoughton and Yoon, 2004; Lee et al., 2017a; 2019)이라고 한다. φ_d의 자세한 형태는 재료의 거동에 따라 다르게 정의할 수 있다. Γ_d의 값은 항복함수과 경화법칙을 활용하여 정의하며 항복함수의 일반적 형태는 아래와 같이 정의할 수 있다.

$$f(\mathbf{T}'', \kappa) = \bar{\sigma}_{eff}(\mathbf{T}'') - \bar{\sigma}_y(\kappa). \tag{4.12}$$

f는 항복함수이며 $f<0$인 조건에서 재료는 탄성변화를 겪으며, $f=0$인 상황에서 재료는 소성변형 상황에 있을 가능성이 있다. $\bar{\sigma}_{eff}$는 유효응력이며 등방성 재료의 경우 본미세스 함수(von-Mises function)를 일반적으로 활용한다. 비등방성 재료(anisotropic material)의 경우 재료의 거동에 따라 다양한 형태의 정의가 가능하며 많은 모델이 소개되어 왔다. $\bar{\sigma}_y$는 유동응력(flow stress)이며 일반적으로 재료의 인장실험을 잘 모사할 수 있는 경화함수(hardening function)를 정의하여 사용한다.

수식 (4.12)에서 항복 일관성 조건(yield consistency condition)은 아래와 같이 정의된다.

$$\dot{f} = \dot{\bar{\sigma}}_{eff} + \dot{\bar{\sigma}}_y = \frac{\partial f}{\partial \mathbf{T}''}\dot{\mathbf{T}}'' - \frac{d\bar{\sigma}_y}{d\kappa}\dot{\kappa} = 0. \tag{4.13}$$

$\frac{d\bar{\sigma}_y}{d\kappa}$는 경화곡선(hardening flow curve)상에서 기울기로 구할 수 있다. 수식 (3.52c)를 (4.13)에 대입하여 $\dot{\kappa}$를 수치적으로 얻을 수 있으며, 이 수치적 과정은 여러 논문에서 자세히 기술하였다(Yoon et al., 1999; Lee et al., 2017).

또한 수식 (3.29)와 (4.11)에 기반하여 $\mathbf{W}_{in}$은 다음과 같이 정의를 할 수 있다.

$$\mathbf{W}_{in} = \Gamma_d \overline{\mathbf{W}}_{in}. \tag{4.14}$$

$\overline{\mathbf{W}}_{in}$은 구성방정식이 필요하다(Lee and Rubin, 2021; 2022). 스핀 속도(Rate of Spin) $\mathbf{W}$는 체적변화(volumetric deformation)와 관계를 하지 않아 $\mathbf{W}_{in}$는 편찬성분(deviatoric part)인 소성변형과 연관이 있다고 정의할 수 있다. 수식 (4.11)과 (4.14)에 의해 $\mathbf{L}_{in}$의 편차성분 $[\mathbf{L}'_{in} = \mathbf{L}_{in} - \frac{1}{3}(\mathbf{L}_{in} \cdot \mathbf{I})\mathbf{I}]$ 아래와 같이 연관되어 있다.

$$\mathbf{L}''_{in} = \Gamma_d\big(\overline{\mathbf{D}}''_{in} + \overline{\mathbf{W}}_{in}\big), \text{ and } \mathbf{L}''_{in} \cdot \mathbf{I} = 0. \tag{4.15}$$

4.3.2 마이크로 스케일의 결정 소성학(Micro scale crystal plasticity)

4.3.1장에서는 매크로스케일에서 전통적인 소성유동법칙에 기반하여 $\mathbf{D}''_{in}$를 정의하는데 소성이론을 활용하는 것을 언급하였다. 4.3.2장에서는 결정 소성학(crystal plasticity)을 이용하여 $\mathbf{D}''_{in}$를 정의하는 소성이론을 논의한다. 결정 소성학에서는 수식 (4.15)의 $\mathbf{L}''_{in}$을 아래와 같이 정의한다.

$$\mathbf{L}''_{in} = \sum_{I=1}^{N} \dot{\kappa}_I \, \mathbf{M}_I, \qquad (4.16a)$$

$$\mathbf{M}_I = \mathbf{L}_I \otimes \mathbf{S}_I, \qquad (4.16b)$$

$$\mathbf{L}''_{in} \cdot \mathbf{I} = 0. \qquad (4.16c)$$

아래첨자(Subscript) I는 슬립시스템(slip system)의 번호를 의미하며 이는 원자 구조에 따라 달라진다. $\mathbf{L}_I$와 $\mathbf{S}_I$는 각각 각 슬립계의 단위 슬립 방향(unity slip direction for each slip system)과 각 슬립계의 단위 슬립면 법선 벡터(unity slip plane normal vector for each slip system)를 의미한다. $\dot{\gamma}_I$는 슬립계 I에서의 슬립률(slip rate on slip system I)을 의미한다. 수식 (4.16) $\mathbf{D}''_{in}$와 $\mathbf{W}_{in}$는 아래와 같이 구할 수 있다.

$$\mathbf{D}''_{in} = \sum_{I=1}^{N} \dot{\gamma}_I \, \overline{\mathbf{D}}''_{in}, \text{ where } \overline{\mathbf{D}}''_{in} = \tfrac{1}{2}\left(\mathbf{M}_I + \mathbf{M}_I^{\mathrm{T}}\right), \qquad (4.17a)$$

$$\mathbf{W}''_{in} = \tfrac{1}{2}\left(\mathbf{L}''_{in} - \mathbf{L}''^{\mathrm{T}}_{in}\right). \qquad (4.17b)$$

슬립률(slip rate) $\dot{\kappa}_I$는 아래와 같이 정의할 수 있다.

$$\dot{\kappa}_I = \dot{\lambda}\frac{\delta_I}{\tau_I}\left|\frac{\mathbf{T}'' \cdot \overline{\mathbf{D}}''_{in}}{\tau_I}\right|^{a-1} sign(\mathbf{T}'' \cdot \overline{\mathbf{D}}''_{in}),$$

$$(4.18a)$$

$$\text{where } (f = 0 \ \text{ and } \ \mathbf{T}'' \cdot \mathbf{D} > 0),$$

$$\text{otherwise } \dot{\kappa}_I = 0. \tag{4.18b}$$

δ_I와 a는 모델 파라미터(model parameter)이며, $\dot{\lambda}$는 음이 음이 아닌 소성 승수 (non-negative plastic multiplier)이다. τ_I는 슬립계가 항복을 시작할 때 필요한 최소 분해 전단응력(critically resolved shear stress of the slip system)이며, f는 항복함수이다. 항복함수는 다음과 같이 정의가 가능하다.

$$f\left(\mathbf{T}^{''}, \overline{\mathbf{D}}^p\right) = (\textstyle\sum_{I=1}^{N} \delta_I \left|\frac{\mathbf{T}^{''} \cdot \overline{\mathbf{D}}_{in}^{''}}{\tau_I}\right|^a)^{\frac{1}{a}} - 1. \tag{4.19}$$

τ_I는 아래와 같이 단순화가 가능하다.

$$\tau_I = \tau_0. \tag{4.20}$$

이 경우 τ_0는 음이 아닌 상수(non-negative constant)루 구성되며 속도에 독립 형 식(rate-independent formulation)에 기반하여 경화를 고려하지 않는다.

4.4 전기적 비가역성과 화학적 비가역성의 구성방정식 (Constitutive equations of electrical and chemical dissipations)

전기적 소산(Electrical dissipation) φ_e은 $\mathbf{e}$의 함수로 아래와 같이 정의가 가능하다.

$$\varphi_e = \varphi_e(\mathbf{e}) = \sqrt{\mathbf{e} \cdot \mathbf{e}}. \tag{4.21}$$

수식 (4.2c)에 의해, 전류밀도(current density) $\mathbf{j}$를 아래와 같이 정의가 가능하다.

$$\mathbf{j} = \frac{\partial \varphi_e}{\partial \mathbf{e}} \Gamma_e = C_e \mathbf{e}, \ \Gamma_e = C_e |\mathbf{e}|. \tag{4.22}$$

C_e는 전기 전도도(electrical conductivity)이다. 전도도(Conductivity)의 역수는 비저항(resistivity) $(\frac{1}{C_e} = r)$이므로, $\mathbf{e}$는 아래와 같이 표현이 가능하다.

$$\mathbf{e} = r\mathbf{j}. \tag{4.23}$$

수식 (4.2c)의 $\mathbf{j} \cdot \mathbf{e}$는 옴저항에 의한 가열(Ohmic heating)과 동일하다.

$$\mathbf{j} \cdot \mathbf{e} = C_e \mathbf{e} \cdot \mathbf{e} = r\mathbf{j} \cdot \mathbf{j}, \tag{4.24}$$

r는 기계적인 비가역적 변형과 연관되며, 특히 소성변형에 의해 전기적 저항값이 변화될 수 있다.

전기적 저항과 같은 방법으로, 수식 (4.2d)를 만족하는 화학적 소산 포텐셜(chemical dissipative potential) φ_c을 아래와 같이 정의가 가능하다.

$$\varphi_c[\nabla(\mu_c)] = \sqrt{\nabla(\mu_c) \cdot \nabla(\mu_c)}, \text{ and } \Gamma_c = m_c |\nabla(\mu_c)| \tag{4.25}$$

4.5 열 에너지의 비가역성의 구성방정식
(Constitutive equation of thermal dissipation)

마지막으로 열적 소산 함수(thermal dissipation function)는 절대온장(absolute temperature field)으로 정의할 수 있다.

$$\varphi_t = \theta, \tag{4.26}$$

열적소산(thermal dissipation0의 크기 Γ_t는 아래와 같이 정의한다.

$$\Gamma_t = \mathbf{q} \cdot \nabla\!\left(\frac{1}{\theta}\right). \tag{4.27}$$

$\mathbf{q}$는 열유동(heat flux)으로 아래와 같이 정의한다(Kovetz, 2000; Hutter et al., 2006; Lee, 2021).

$$\mathbf{q} = -\mathbf{K} \cdot \nabla(\varphi_t), \tag{4.28}$$

$\mathbf{K}$는 열전도도 텐서(thermal conductivity coefficient tensor)이다. 구성방정식(4.8), (4.11), (4.22), (4.25), (4.28)은 소산 부등식(dissipation inequality) (3.60a)을 항상 만족한다.

4장의 구성방정식을 3장의 연속체역학적인 열역학 프레임에 대입하면 열-기계-전자기-화학적 연계의 다물리시스템적 해석이 필요한 다양한 공학적 응용에 적용이 될 수 있으며, 자세한 예제는 Part II에서 논의한다.

References

Barlat, F., Brem, J.C., Yoon, J.W., Chung, K., Dick, R.E., Lege, D.J., Pourboghrat, F., Choi, S.H., & Chu, E. (2003). Plane stress yield function for aluminum alloy sheets-Part 1: theory. Int. J. Plast., 19(9), 1297–1319.

Cazacu, O., & Barlat, F. (2004). A criterion for description of anisotropy and yield differential effects in pressure-insensitive metals. Int. J. Plast., 20(11), 2027–2045.

Hill, R. (1948). A theory of the yielding and plastic flow of anisotropic metals. Proc. R. Soc. Lond. Ser. A Math. Phys. Sci., 193(1033), 281–297.

Hutter, K., Ven, A.A., & Ursescu, A. (2007). Electromagnetic field matter interactions in thermoelastic solids and viscous fluids. Springer, Berlin and Heidelberg.

Kovetz, A. (2000). Electromagnetic theory. Oxford University Press.

Kuhl, E., Maas, R., Himpel, G., & Menzel, A. (2007). Computational modeling of arterial wall growth: Attempts towards patient-specific simulations based on computer tomography. Biomech. Model. Mechanobiol., 6, 321–331.

Lee, E.H. (2021). A model for irreversible deformation phenomena driven by hydrostatic stress, deviatoric stress and an externally applied field. Int. J. Eng. Sci., 169, 103573.

Lee, E.H., Baek, S. (2021). Plasticity and enzymatic degradation coupled with volumetric growth in pulmonary hypertension progression. J. Biomech. Eng., 143(11), 111012.

Lee, E.H., Choi, H., Stoughton, T.B., & Yoon, J.W. (2019). Combined anisotropic and distortion hardening to describe directional response with Bauschinger effect. Int. J. Plast., 122, 73–88.

Lee, E.H., Rubin, M.B. (2020). Modeling anisotropic inelastic effects in sheet metal forming using microstructural vectors-Part I: Theory. Int. J. Plast., 102, 783.

Lee, E.H., Rubin, M.B. (2021). Modeling inelastic spin of microstructural vectors in sheet metal forming. Int. J. Solids Struct., 241, 111475.

Lee, E.H., Stoughton, T.B., & Yoon, J.W. (2017a). A new strategy to describe nonlinear elastic and asymmetric plastic behaviors with one yield surface. Int. J. Plast., 98, 217–238.

Lee, E.H., Stoughton, T.B., & Yoon, J.W. (2017b). A yield criterion through coupling of quadratic and non-quadratic functions for anisotropic hardening with non-associated flow rule. Int. J. Plast., 99, 120–143.

Lee, E.H., Stoughton, T.B., & Yoon, J.W. (2018). Kinematic hardening model considering directional hardening response. Int. J. Plast., 110, 145–165.

Oller, S., Bellomo, F.J., Armero, F., & Nallim, L.G. (2010). A stress-driven growth model for soft tissue considering biological availability. IOP Conf. Ser. Mater. Sci. Eng., 10, 012121.

Rubin, M.B. (1994). Plasticity theory formulated in terms of physically based microstructural variables-Part I: Theory. Int. J. Solids Struct., 31, 2615–2634.

Stoughton, T.B., & Yoon, J.W. (2004). A pressure-sensitive yield criterion under a non-associated flow rule for sheet metal forming. Int. J. Plast., 20(4–5), 705–731.

Yoon, J.W., Yang, D.Y., Chung, K., & Barlat, F. (1999). A general elasto-plastic finite element formulation based on incremental deformation theory for planar anisotropy and its application to sheet metal forming. Int. J. Plast., 15(1), 35–67.

Part II

다중물리현상의 모델링응용 및 산업적용

Multiphysics Systems

5장 첨단 패키지의 Cu-Cu 하이브리드 본딩
Advanced Packaging Cu-Cu hybrid bonding

5.1 Cu-Cu bonding의 개요 및 필요성

인공지능(Artificial Intelligence, AI) 통합과 관련된 계산 비용이 증가함에 따라, 반도체 시스템 성능을 향상시키면서 효율성을 개선하는 것이 피할 수 없는 도전 과제가 되었다. 지난 60년 동안 무어의 법칙은 칩 패턴의 소형화를 통해 반도체 성능을 극적으로 향상시켜 System-on-Chip(SoC) 기술을 가능하게 했다(Shalf, 2021; Schaller, 1997; Theis 및 Wong, 2017). 그러나 최근에는 칩 패턴 미세화가 물리적 한계에 도달했다. 반도체 업계는 새로운 돌파구를 모색하여 첨단 패키징 기술을 통해 반도체시스템의 성능 향상을 이루고 있다. 특히, 별도로 제조된 반도체 구성 요소와 요소를 System-in-Package(SiP)에 통합하는 이종집적(Heterogeneous Integration)과 삼차원 적층기술(3D integration)은 시스템 성능, 밀도 및 소형화를 가능하게 하는 핵심 기술이다. 특히 최근에 NVIDA의 GPU는 AI를 활용하기 위해서 없어서는 안 될 기반시설(infrastructure)이 되고 있는데

이는 TSMC(Taiwan Semiconductor Manufacturing Company)가 제안한 2.5D package구조인 CoWoS(Chip on Wafer Interposer on Substrate)를 활용하여 현실로 구현된다. 이때 여러 첨단 기술이 사용이 되는데 특히 인터포저(Interposer), TSV(Through-Si Via), 그리고 다이적층(Die stacking) 기술 등이 사용된다. 대한민국의 경우 TSV와 다이적층을 활용하여 AI의 2.5D packaging에 들어가는 고대역폭 메모리(High-Bandwidth Memory, HBM)를 세계시장에 공급한다. HBM은 〈그림 5-1〉에 간략히 도식하였는데, 동적 랜덤 액세스 메모리(Dynamic Random Access Memory, DRAM)의 다이적층을 가능하게 하는 기술적 향상이 빅 데이터 분석을 처리하는 데 점점 더 중요해지고 있다.

반도체가 전자를 사용하여 계산을 수행하기 때문에 구리(Cu)는 전자 이동 경로를 제공하는 반도체 내의 중요한 재료이다. 따라서 〈그림 5-1〉의 검은 상자에 제시된 대로 3D 집적 회로의 상하부 구리 패드를 연결하는 기술이 중요하다. 왼쪽 상자에 나타난 것처럼, 연결을 위해 구리 기둥을 사용한 마이크로 범프 기술이 널리 채택되었다.

〈그림 5-1〉에 나타난 바와 같이, 범프(bump)를 사용한 접합기술은 피치(pitch) 크기에서 수십 마이크로미터 범위에서 널리 사용되어 왔다(De Vos et al., 2013; Tsai et al., 2017). 그러나 피치 크기가 10μm 미만인 마이크로 범프를 사용하여 입출력력(I/O) 밀도를 향상시키는 데는 어려움이 있었다. 본딩 과정 및 이후에 구리 기둥과 범프의 구조적 신뢰성을 보장하기 위해서는 현재 수십 마이크로미터 범위로 여겨지는 일정한 최소 직경을 유지해야 한다(Syed et al., 2011; Li et al., 2020). 또한 마이크로 범프(micro bump)는 수직 적층 높이 측면에서 단점이 있다. 일반적인 마이크로 범프 본딩 공정과 달리, Cu－Cu 직접접합(Cu-Cu bonding)은 범프 없이 직접적인 전기적 연결을 가능하게 하여 피치 간격을 10μm 미만으로 설정할 수 있다(Shigetou et al., 2006; 2008; Chen et al., 2006). 이는 마이크로 범프 옆의 상자에 나타나 있습니다. 구리 기둥과 마이크로 범프를 제거하면 구조적 제

약이 크게 개선된다. 따라서 Cu-Cu bonding을 통해 입출력 어레이의 피치 크기가 범프 크기에 의해 제한되지 않아 훨씬 더 높은 입출력 밀도와 낮은 전기 저항을 형성할 수 있다. 이는 대규모 연산이 필요한 고성능 반도체 시스템을 제조하는 데 필수적인 기술이다. 최근 Cu-Cu bonding을 활용한 제품이 일부 분야에서 상용화되기 시작했다(Wuu et al., 2022). 그러나 광범위한 사용을 확대하기 전에 여전히 연구해야 할 많은 부분이 남아 있다. Cu-Cu bonding에서는 표면 거칠기, 평탄화, 패드 크기 및 웨이퍼의 기타 조건이 중요한 영향을 미친다. 또한, AI 학습용 차세대 고대역폭 메모리에서는 다층 DRAM 다이를 위해 Cu-Cu bonding을 포함해야 한다. 이러한 문제를 해결하려면 Cu-Cu bonding에서 구리의 거동에 대한 근본적인 이해가 필요하다.

반도체 패키징 공정에서 특히 온도를 주요 제어 변수로 고려하고 압력이 다이에 직접 적용되지 않는 Cu-Cu bonding에서는 압력에 대한 관심이 상대적으로 제한적이다. 〈그림 5-1〉에서 볼 수 있듯이, 패턴화된 시편은 SiO2등의 절연체(dielectric material)로 둘러싸인 구리 패드로 구성된다. 이 구조는 SiO2 위에 구리를 전기도금한 후 화학 기계적 연마(CMP) 공정을 거쳐 생성된다 (Vlassak, 2004; Hu et al., 2019; Khanna et al., 2020). 구리는 전자 경로의 도체 역할을 하고, SiO2는 절연체 역할을 한다. CMP 공정 후 구리의 표면은 일반적으로 SiO2보다 약간 낮게 나타나며, 이는 디싱(dishing)이라고 알려진 현상이다. 따라서 Cu-Cu bonding에서 상부와 하부의 SiO2가 먼저 결합된 후, 구리 본딩을 위해 온도가 약 150~400℃까지 상승한다(Juang et al., 2018; Liang et al., 2018; Shie et al., 2019). 〈그림 5-1〉에서 볼 수 있듯이, Cu의 열팽창(thermal expansion)으로 인해 압력이 약 10 MPa에서 100 MPa 범위까지 증가하며(Juang et al., 2018; Liang et al., 2018; Shie et al., 2019), 상하부 구리 층이 서로 밀착되어 Cu-Cu bonding 공정이 완료된다. 이러한 넓은 압력 범위는 열팽창과 기계적 제약의 복잡한 조합과 관련이 있다. 온도의 상승은 열팽창과 기계적 제약의 결합을 초래하여 압력이 크게 증가하게 된다. 온도와 압력에 의해 영향을 받은 상하부 구리 소재는 확산 접합을 통해 결합된다. 공극(Void) 없는 인터페이스에서 접합을 이루기 위해, 구리는 이 연구에서 물질의 흐름(material flux)이라고 하는 충분한 물질 이동을 통해 빈 공간을 채워야 한다. 이러한 본딩 공정 중 온도와 압력이 재료 거동에 미치는 독립적인 영향에 대한 연구는 충분하지 않다. 또한 Cu의 결정립의 방향(grain orientation)이 접합계면(bonding interface)에 미치는 영향에 대하여 이론적으로 분석한 연구는 거의 없다.

최근 연구에 따르면, 하이브리드 본딩에서 미세구조 제어(microstructural engineering)는 낮은 열(low thermal budget)에서 신뢰성 있는 Cu-Cu 직접 접합을 달성하는 데 매우 중요하다. He et al.(2024)은 균일한 결정립 크기와 낮은 불순도를 가진 나노결정 Cu(nanocrystalline Cu)이 100-200°C에서 층상 구조(layered structures)와 함께 계면(interface)을 가로지르는 결정립 성장(cross-interface grain growth)을 촉진함을 보고했다. Juang et al.(2018)과 Liu et al.(2015)은 (111) 방향으로 강하게 정렬된 Cu가 낮은 온도에서도 표면 확산(surface diffusion)과 접합을 향상시킨다는 사실을 보여주었다. 이러한 연구들은 결정립 방향(grain orientation)과 트윈 밀도(twin density)의 원자 수준 제어가 표면 평탄성(flatness)을 개선하고 공극(void)을 줄이는 데 중요함을 강조한다. Wang et al.(2022)은 나노결정 Cu의 열적 불안정성(thermal instability)이 결정립 경계(grain boundary) 이동성과 확산(diffusion)을 통해 접합을 촉진한다고 보고했다. Li et al.(2024)은 (110) 방향으로 정렬된 Cu가 초대형 결정립(ultra-large grains)을 형성하여 계면 전도도(interface conductivity)와 안정성을 향상시킨다는 것을 보여주었다. 비록 일부 실험적 연구가 진행되었지만, 미세구조 효과의 메커니즘은 아직 충분히 규명되지 않았으며, 수치 해석 연구(numerical analysis) 또한 제한적이다. 따라서 미세구조 효과를 고려한 모델이 필요하며, 이를 통해 하이브리드 본딩에서 Cu-Cu interface의 거동을 보다 정밀하게 논의할 수 있다. 결정소성(crystal plasticity, CP) 이론은 미세구조 효과를 효과적으로 포착할 수 있으며, 이를 유한요소법(FEM)과 결합하면 CPFEM(Crystal Plasticity Finite Element Method)으로 발전시킬 수 있어 다양한 공학 문제에 적용 가능하다. CPFEM은 일반적으로 Mecking과 Kocks 방정식(Mecking and Kocks, 1981; Jiang et al., 2022)을 사용하여 전위(dislocation) 진화를 모델링하며, 전위 저장(storage)과 소멸(annihilation)을 고려한다. 변형(deformation)이 결정립 방향에 따라 달라지므로, CPFEM은 다결정(polycrystal) 내 전위 거동과 결정립 크기 효과(grain size effect)를 시뮬레이션하는 데 적합하다. 결정립 경계(grain boundary)는 장벽(barrier) 역할을 하여 전위 적층(dislocation pile-up)으로 인한 응력 집중(stress localization)을 발생시킨다. CPFEM은 결정립 수준의 불균질성(grain-scale inhomogeneity)을 효과적으로 포착하지만, 계산 비용(computational cost)이 크다는 한계가 있어 대규모 모델링에는 제약이 있다. 그러나 CPFEM은 아직 하이브리드 본딩에서 Cu 미세구조 효과(microstructural effects)를 연구하는 데 적용된 사례는 없다. 아울러, Cu - Cu 접합 계면 형성에 대한 포괄적 기계적 분석을 수행하기 위해서는 결정 소성 이론의 적용뿐 아니라 원자 플럭스(atomic flux)와 열 영향(thermal effects)에 대한 세심한 고려가 필요하다.

본 책에서는 저자가 작성한 Oh et al., (2024); Lee et al., (2025)논문에 소개된 Cu-Cu bonding 해석에 관하여 3-4장에 기술된 수식을 적용하는 방법에 대해서 소개한다. 5.2-5.3장에서는 Oh et al.(2024)에 기반하여 다중물리역학의 모델링은 Cu-Cu hybrid bonding의 열과 압력의 독립적 영향을 분석한다. 이후 5.4-5.5장에서는 결정립 방향(grain orientation)의 영향을 분석한다. 모든 이론과 모델링은 3-4장에 기술된 수식을 기반하여 진행한다.

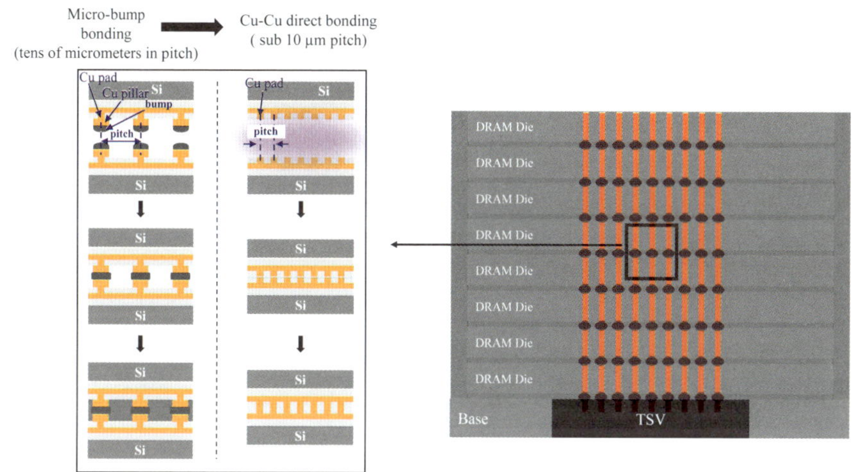

〈그림 5-1〉 다이 적층 기술Die Stacking technology

5.2 모델링 구체화(modeling specification)

수식 (3.13)의 평형방정식(balance equations)을 Cu-Cu bonding 적용 시 전자기장효과(electromagnetic field effect), 내부발열(internal heat generation), 그리고 질량생성(mass supply)은 무시하며, 이 가정에 의해 수식 (3.13)의 평형방정식은 아래와 같이 단순하게 정리가 된다.

$$\rho\dot{\mathbf{v}} = \rho\mathbf{f}_m + \nabla \cdot \mathbf{T}, \tag{5.1a}$$

$$\mathbf{T} - \mathbf{T}^{\mathrm{T}} = \mathbf{T}_{EM}{}^{\mathrm{T}} - \mathbf{T}_{EM} = \mathbf{0}, \tag{5.1b}$$

$$\frac{\partial \rho}{\partial t} + \nabla \cdot (\rho\mathbf{v}) = 0, \tag{5.1c}$$

$$\rho\dot{e} = \mathbf{T} \cdot \nabla\mathbf{v} + \rho h_t - \nabla \cdot (\mathbf{q} + \mu_c\mathbf{I}_c). \tag{5.1d}$$

또한 수식 (3.56)에서 재료의 흐름(material flux)은 동일한 재료 내에서의 이동이므로 화학적 포텐셜(Chemical potential)보다는 압력구배(pressure gradient)에 의한 영향이 크다고 하면 재료 흐름 벡터(material flux vector) $\mathbf{I}_c$는 아래와 같이 된다.

$$\mathbf{I}_c = -m_c\nabla(p), \tag{5.2}$$

그럼 수식 (3.58)과 (3.60)의 소산부등식(dissipation inequality)는 아래와 같이 정리된다.

$$\mathbf{T}^{hydro} \cdot \left[\mathbf{D}_{in}^{hydro} - m_c\mathbf{G}\right] + \mathbf{T}'' \cdot \mathbf{D}_{in}'' + \theta\mathbf{q} \cdot \nabla(\tfrac{1}{\theta}) \geq 0, \text{ where} \tag{5.3a}$$

$$\mathbf{G} = \sum_{i=1}^{3}\left[\nabla\big(\nabla(p)\big) \cdot (\bar{\mathbf{e}}_i \otimes \bar{\mathbf{e}}_i)\right]\bar{\mathbf{e}}_i \otimes \bar{\mathbf{e}}_i, \tag{5.3b}$$

$$m_c = \frac{D_{diff}}{k\theta}A_{diff}. \tag{5.3c}$$

D_{diff}는 우효확산계수(effective diffusivity)를, k는 볼츠만상수(Boltzmann constant)를 그리고 A_{diff}는 유효확산도메인(effective diffusion domain volume)을 의미한다. 수식 (5.3)에서 소산부등식은 비탄성 체적변형(inelastic volumetric deformation) $\mathbf{D}_{in}^{hydro}$, 비탄성 편차변형(inelastic deviatoric deformation) $\mathbf{D}_{in}''$, 그리고 열적확산(thermal diffusion) $\mathbf{q}$에 의해 발생한다. 따라서 수식 (4.1)의 소산함수집합(dissipation function set)

$\boldsymbol{\varphi}$는 아래와 같이 단순화된다.

$$\xi = \boldsymbol{\varphi}^{\mathrm{T}}\boldsymbol{\beta}\boldsymbol{\Gamma} \geq 0, \text{ where} \tag{5.4a}$$

$$\boldsymbol{\varphi} = [\varphi_h \quad \varphi_d \quad \varphi_t]^{\mathrm{T}}, \tag{5.4b}$$

$$\boldsymbol{\beta} = \mathbf{I}, \tag{5.4c}$$

$$\boldsymbol{\Gamma} = [\Gamma_h \quad \Gamma_d \quad \Gamma_t]^{\mathrm{T}}. \tag{5.4d}$$

4.2–4.3장의 수식유도 과정을 거치면 소산함수집합 $\boldsymbol{\varphi}$에 기반하여 $\mathbf{D}_{hydro}^{in}$, $\mathbf{D}_{in}''$, 그리고 $\mathbf{q}$의 구성방정식을 얻을 수 있다.

수식 (4.8)에 기반하여 Cu–Cu bonding에서 비가역 최적변화 $\mathbf{D}_{hydro}^{in}$의 구성방정식은 아래와 같이 정리할 수 있다.

$$\mathbf{D}_{in}^{hydro} = \frac{D_{diff}}{k\theta} A_{diff} \sum_{i=1}^{3}\left[\nabla\big(\nabla(p)\big) \cdot (\overline{\mathbf{e}}_i \otimes \overline{\mathbf{e}}_i)\right]\overline{\mathbf{e}}_i \otimes \overline{\mathbf{e}}_i. \tag{5.5}$$

수식 (4.8)에서 논의된 대로 Cu–Cu bonding의 $\mathbf{D}_{in}^{hydro}$는 질량생성(mass sup-ply)이 아닌 압력구배에 의한 재료의 흐림이 주요 원인이다. 이 재료의 흐름은 5.4–5.5장에서는 원자의 흐름과 연관이 되지만 5.2–5.3장에서는 거시적 관점(macro-scale level)에서 재료의 흐름으로 정의한다. $\mathbf{D}_{in}''$는 연속체 관점에서 모델링을 한다면 수식 (4.11)에 의해서 아래와 같이 정리할 수 있다.

$$\mathbf{D}_{in}'' = \dot{\kappa}\overline{\mathbf{D}}_{in}'', \text{ where} \tag{5.6a}$$

$$\overline{\mathbf{D}}_{in}'' = \frac{\partial}{\partial \mathbf{T}''}\left(\sqrt{\frac{3}{2}\mathbf{T}'' \cdot \mathbf{T}''}\right). \tag{5.6b}$$

수식 (5.6)은 J_2 유동법칙(flow rule)에 기반한다. $\dot{\kappa}$를 계산하기 위해서는 수식 (4.12)의 항복함수(yield function)를 정의해야 하며, 본 장에서는 아래와 같이 본미세스 항복함수(von-Mises function)와 존슨–쿡 모델(Johnson and Cook model, 1983)을 활용한다.

$$f(\mathbf{T}'', \kappa) = \bar{\sigma}_{eff}(\mathbf{T}'') - \bar{\sigma}_y(\kappa), \text{ where} \tag{5.7a}$$

$$\bar{\sigma}_{eff}\left(\mathbf{T}''\right) = \sqrt{\frac{3}{2}\mathbf{T}'' \cdot \mathbf{T}''}, \tag{5.7b}$$

$$\bar{\sigma}_y(\kappa) = (A + B\kappa^n)\left(1 + C\ln\frac{\dot{\kappa}}{\dot{\kappa}_0}\right)\left(1 - \left(\frac{\theta - \theta_r}{\theta_m - \theta_r}\right)^m\right). \tag{5.7c}$$

$\dot{\kappa}$는 항복일관성(yield consistency), 경화(hardening), 그리고 응력변화율(stress rate)을 고려하여 수치적으로 계산하여 구한다(Yoon et al., 1999; Lee et al., 2017).

마지막으로 수식 (4.26–4.28)에 기반하여 $\mathbf{q}$는 아래와 같이 정리된다.

$$\mathbf{q} = -\mathrm{K}_{th}\mathbf{I} \cdot \nabla(\theta), \tag{5.8}$$

K_{th}는 열전도도(thermal conductivity)이며 수식 (5.8)은 등방성 열전도도(isotropic thermal conductivity)를 나타내다. 본 장에서 Cu-Cu bonding의 열과 온도의 영향의 분석에 사용된 모델 파라미터(model parameter)들은 아래의 〈표 5-1〉에 정리하였다.

[표 5-1] 모델 파라미터(Wlanis et al., 2018)

	Elastic properties		Thermal expansion coefficient	Volumetric inelastic deformation cause by material flux		Plastic deformation	
	Young's modulus [Pa]	Poisson's ratio					
Ti	120×10^9	0.34	8.41×10^{-6}	N/A		N/A	
Si	160×10^9	0.22	2.60×10^{-6}	N/A		N/A	
SiO₂	66×10^9	0.17	5.60×10^{-7}	N/A		N/A	
Cu	130×10^9	0.34	1.65×10^{-5}	D_{diff} $\left[\dfrac{\text{m}^2}{\text{s}}\right]$	2.0×10^{-5}	A [Pa]	90×10^6
				R $\left[\dfrac{\text{J}}{\text{mol}\cdot\text{K}}\right]$	8.314	B [Pa]	292×10^6
				k $\left[\dfrac{\text{J}}{\text{K}}\right]$	1.38×10^{-23}	n	0.31
				a_L	0	C	0.025
				p_h	0	$\dot{\kappa}_0$	1
						m	1.09
						$\theta_m\,[K$	1323
						$\theta_r\,[K]$	300

5.3 Cu-Cu 직접접합에서 열과 온도의 압력의 영향에 대한 시뮬레이션(Cu-Cu Bonding interface simulation with respect to pressure and temperature)

5.2장의 도출된 수식을 활용하며 Cu-Cu bonding interface 형성에 대한 시뮬레이션을 진행할 수 있다. 〈그림 5-2〉에는 상-하부 Cu pad끼리 접합을 진행할 때 초기의 표면조도(surface roughness) 등으로 생성되는 공극(void)이 Cu의 변형과 함께 사라져 본딩이 완료되는 것을 수식 (5.3-5.8)을 통해 시뮬레이션 하는 그림이다. 초기단계(Initial stage)는 Cu pad끼리의 bonding이 시작되는 단계이며, 중간단계(intermediate stage)는 Cu의 material flux와 소성변형을 통해 공극이 닫히는 중간단계이며, 마지막단계(final stage)는 공극이 완전히 닫히는 상황이다. Oh et al.(2024)논문에 이 공극이 닫히는 시뮬레이션의 영상이 공개되어 있다(https://doi.org/10.1016/j.ijplas.2024.104073). 이러한 공극이 닫히는 상황은 온도와 압력에 크게 영향을 받으며 온도와 압력의 분리된 역할에 대한 연구가 필요하다. 〈표 5-2〉에 시뮬레이션 조건을 정리하였다. 압력조건(Pressure conditions)은 온도를 300℃로 고정을 하고 압력을 20, 30, 40, 그리고 50MPa로 조정하면서 가압을 증가시키는 조건이다. 온도조건(Temperature condition)은 압력을 30MPa로 고정하고 온도를 200, 250, 그리고 300℃로 증가시키는 조건이다. 자세한 연구내용은 Oh et al.,(2024)에 정리되어 있으면 조건별 시뮬레이션의 영상이 공개되어 있다(https://doi.org/10.1016/j.ijplas.2024.104073). 본 책에서는 핵심내용만 간략하게 정리한다.

접합계면(Bonding interface)에서 공극을 감소시키기 위해서는 압력을 증가시켜야 하며 온도를 증가시키는 것으로는 void의 크기를 감소시키지 못한다. 온도증가는 상대적으로 거시적인 관점(large scale)에서 본딩의 면적(bonding area)을 넓히는 데 영향을 크게 미친다. 자세한 실험결과는 Oh et al.,(2024)에 자세히 도식이 되어 있다. 〈표 5-2〉에 도식된 조건의 시뮬레이션을 진행하여 final void의 형상을 〈그림 5-3〉에 도시하였다. 그림에서 보듯이 온도를 올리는 조건으로는 공극이 완전히 닫히지 않고 여전히 남아 있는 것을 확인할 수 있다 (〈그림 5-3〉의 하단부). 하지만 압력을 올린다면 〈그림 5-3〉의 상단부에서 보듯이 공극이 압력을 올림에 따라 완전히 닫히는 것을 볼 수 있다. 따라서 void의 닫힘은 온도보다 압력에 큰 영향을 받는 것을 알 수 있다. 〈그림 5-4〉는 이 시뮬레이션 결과를 실험과 검증한 결과이다. 모든 조건에 대해서 시뮬레이션이 실험을 잘 모사하는 것을 볼 수 있으며, 따라서 본 책에 기술된 수식들로 Cu-Cu bonding의 현상을 이해하고 모사할 수 있음을 확인하였다. 다음장에서는 결정립의 영향을 분석하는 논의를 진행한다.

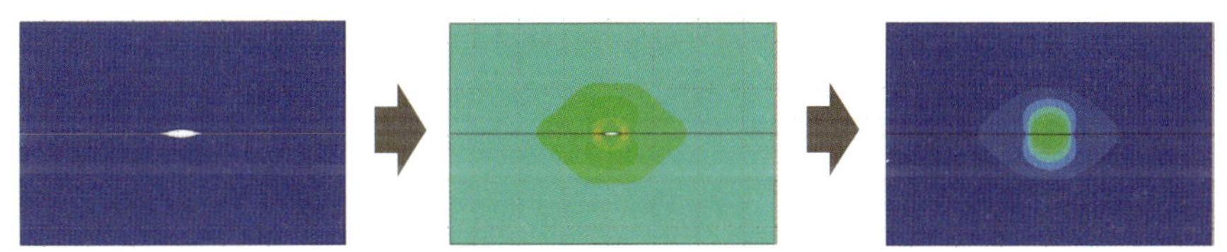

〈그림 5-2〉 공극이 닫히는 과정 해석

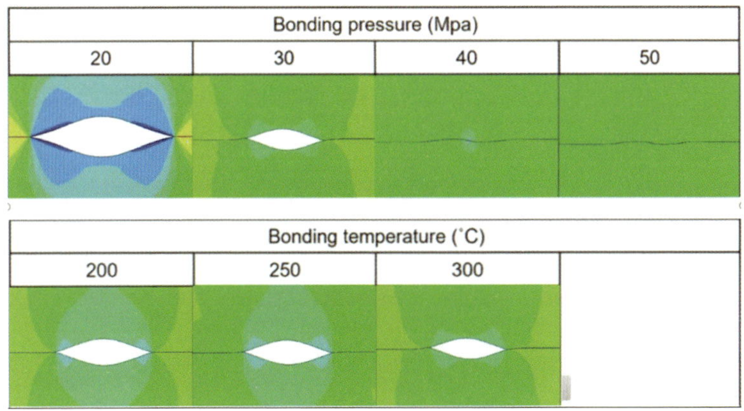

Bonding pressure (Mpa)			
20	30	40	50

Bonding temperature (˚C)		
200	250	300

〈그림 5-3〉 본딩 조건에 따른 마지막 공극 형상

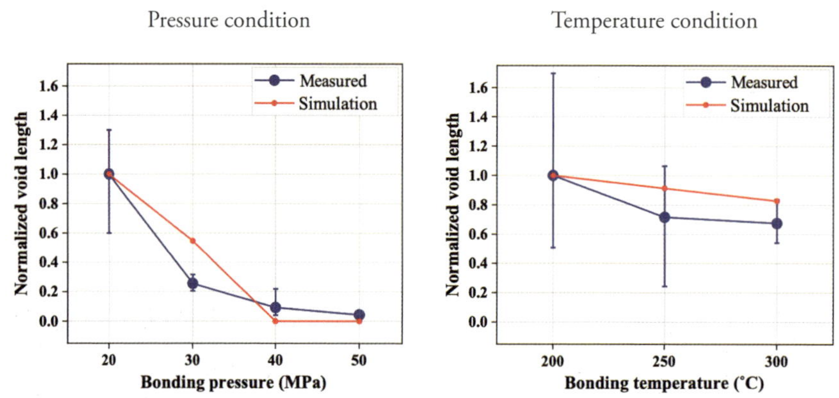

〈그림 5-4〉 실험과 해석의 검증

[표 5-2] Cu-Cu bonding의 실험의 온도와 압력조건

	Pressure (MPa)	Temperature (℃)
Pressure conditions	20	300
	30	300
	40	300
	50	300
	Pressure (MPa)	**Temperature (℃)**
Temperature conditions	30	200
	30	250
	30	300

5.4 결정립의 영향 모델링(Grain Orientation effect modeling)

5.3장까지의 논의는 온도와 압력에 대한 영향을 집중적으로 분석을 하였다. 동일한 온도와 압력에서도 결정립방향(Grain orientation)에 따라서 접합계면(bonding interface)의 형상은 크게 달라질 수 있으며 이는 〈그림 5-5〉에 도식하였다. 〈그림 5-5〉의 왼쪽에 표시된 초기 단계는 상부 및 하부 Cu 박막이 물리적으로 접촉하는 순간을 나타낸다. 상하 Cu 박막의 표면 거칠기 때문에, 초기 단계에서는 모든 영역이 완전히 접촉하지 못하고 초기 공극이 형성된다. 이로 인해 접촉된 영역과 접촉되지 않은 영역 사이에 압력 구배가 발생한다. 초기 단계에서는 개념적인 원자 격자 구조가 함께 제시되어 있다. 〈그림 5-5〉의 중앙에 표시된 부분은 중간 단계로, 공극이 닫히는 과정을 나타낸다. 중간 단계는 두 개의 도식으로 표현되며, 하나는 원자 확산(atomic flux), 다른 하나는 슬립(slip) 거동을 보여준다. 원자 확산은 압력 구배에 의해 구동되는 원자의 이동을 의미하며, 이는 공공(vacancy) 확산과 밀접한 관련이 있다. 또한, 슬립 거동에 의한 변형은 결합계면의 형성을 돕는다. 마지막으로, 중간 과정이 충분히 진행되어 시스템이 평형 상태에 도달하면 결합계면이 형성된다. 이러한 과정을 〈그림 5-5〉의 가장 오른쪽에 있는 최종 단계가 보여준다. 본 장에서는 〈그림 5-5〉에 개념적으로 묘사된 시나리오를 모사할 수 있는 모델링 프레임워크를 3-4장에 소개한 수식과 결정소성학(crystal plasticity)에 기반하여 소개한다.

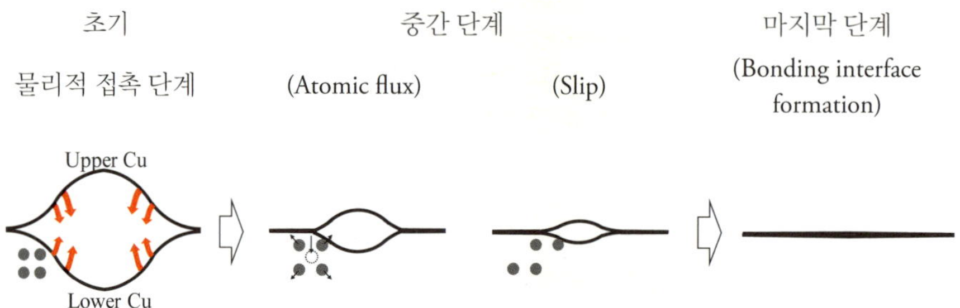

<그림 5-5> 결정방향의 영향

결정소성학을 활용하여 Cu-Cu bonding을 분석하기 위해서 수식 (3.28a)의 속도구배 $\mathbf{L}$에서 비탄성성분(inelastic part)인 $\mathbf{L}_{in}$은 원자확산을(atomic diffusion) 모사하는 $\mathbf{L}_d$와 슬립(slip)거동을 모사하는 $\mathbf{L}_s$로 분리한다($\mathbf{L}_{in}=\mathbf{L}_d+\mathbf{L}_s$). $\mathbf{L}_e$와 $\mathbf{L}_{th}$는 변함이 없다. <그림 5-5>의 원자흐름에 대한 속도구배 $\mathbf{L}_d$는 수식 (5.5)에 묘사된 $\mathbf{D}_{in}^{hydro}$로 아래와 같이 근사하여 모사할 수 있다.

$$\mathbf{L}_d = \mathbf{D}_{in}^{hydro} \approx \sum_{i=1}^{3} \left[\frac{D_{diff}}{k\theta} A_{diff} \nabla\big(\nabla(p)\big) \cdot (\bar{\mathbf{e}}_i \otimes \bar{\mathbf{e}}_i) \right] \bar{\mathbf{e}}_i \otimes \bar{\mathbf{e}}_i. \tag{5.9}$$

$\bar{\mathbf{e}}_i$는 데카르트 전역 좌표계(Cartesian global coordinate system)의 기저 벡터를 나타낸다. 식 (5.9)는 비탄성 체적 변형률속도(inelastic volumetric strain rate)를 물리적으로 나타내며, 이는 압력 구배에 강하게 영향을 받는 원자 확산(atomic flux)에 의해 구동됨을 보여준다. 여기서 압력은 미세구조 벡터의 길이 변화로부터 발생하는 현재의 탄성 팽창(elastic dilatancy)을 기반으로 계산되며, 이는 식 (3.52b)에 제시되어 있다. 또한, 질량 보존 방정식(mass conservation equation)을 만족해야 하며, 아래의 제한조건을 둔다.

$$\dot{c} = -\nabla \cdot (\mathbf{I}_m), \text{ where} \tag{5.10a}$$

$$\mathbf{I}_m = -\frac{D_{diff}}{k\theta} A_{diff} \nabla(p), \tag{5.10b}$$

c는 〈그림 5-5〉에서 원자 확산(atomic flux)과 반대로 움직이는 공공의 집중 정도인 공공 집중도(vacancy concentration)이다.

또한 〈그림 5-5〉에서 중간 단계의 슬립거동을 모사하기 위해서는 결정소성학(Mecking and Kocks, 1981; Jiang et al., 2022)을 활용하며, 슬립속도구배(slip velocity gradient) $\mathbf{L}_s$는 아래와 같이 모사할 수 있다.

$$\mathbf{L}_s = \sum_{I=1}^{N} \dot{\gamma}_I \, \mathbf{M}_I, \tag{5.11a}$$

$$\mathbf{M}_I = \mathbf{L}_I \otimes \mathbf{S}_I = \,_I L_i \mathbf{n}_i \otimes \,_I S_j \mathbf{n}_j, \text{ where} \tag{5.11b}$$

$$\mathbf{L}_I = \,_I L_i \mathbf{n}_i, \text{ and } \mathbf{S}_I = \,_I S_i \mathbf{n}_i. \tag{5.11c}$$

$\mathbf{L}_I$와 $\mathbf{S}_I$는 각각 슬립계 I에 대한 단위 슬립 방향(unit slip direction)과 단위 슬립면 법선 벡터(unit slip plane normal vector)를 나타낸다. $\dot{\gamma}_I$는 슬립계 I에서의 전단 변형률속도(shear rate)를 의미한다. 슬립 방향의 성분 $_I L_i$과 슬립면의 단위 법선 벡터 $_I S_i$는 각 결정 구조에 대해 명확하게 정의되어 있다(Admal et al., 2017; Mánik et al., 2022; Shim et al., 2025).

수식 (5.11)에 기반하여, $\mathbf{D}_s$와 $\mathbf{W}_s$는 다음과 같이 모사할 수 있다.

$$\mathbf{D}_s = \sum_{I=1}^{N} \dot{\gamma}_I \, \overline{\mathbf{D}}_s, \text{ and } \overline{\mathbf{D}}_s = \tfrac{1}{2}\left(\mathbf{M}_I + \mathbf{M}_I{}^{\mathrm{T}}\right), \tag{5.12a}$$

$$\mathbf{W}_s = \sum_{I=1}^{N} \dot{\gamma}_I \, \overline{\mathbf{W}}_s \text{ and } \overline{\mathbf{W}}_s = \tfrac{1}{2}\left(\mathbf{M}_I - \mathbf{M}_I{}^{\mathrm{T}}\right). \tag{5.12b}$$

슬립속도(slip rate) $\dot{\gamma}_I$은 아래와 같이 주어진다(Admal et al., 2017; Mánik et al., 2022).

$$\dot{\gamma}_I = \dot{\lambda}\frac{\delta_I}{\tau_I}\left|\frac{\mathbf{T}'' \cdot \overline{\mathbf{D}}_s}{\tau_I}\right|^{a-1} sign \ (\mathbf{T}' : \overline{\mathbf{D}}_s), \text{ where } (\mathbf{T}' \cdot \mathbf{D} > 0), \tag{5.13a}$$

$$\text{otherwise } \dot{\gamma}_I = 0. \tag{5.13b}$$

δ_I와 a는 모델파라미터(model parameters)이고, $\dot{\lambda}$는 음이 아닌 소성 승수(non-negative plastic multiplier), 그리고 τ_I는 슬립계의 임계전단 응력(critically resolved shear stress of the slip system). Admal et al.(2017)과 Mánik et al.(2022)의 연구에 기반하여 본 연구는 τ_I를 아래와 같이 정의한다.

$$\tau_I = \tau_0 \left(1 - \left(\frac{\theta - \theta_r}{\theta_m - \theta_r}\right)^m\right). \tag{5.14}$$

τ_0는 경화(hardening) 없이 속도에 독립적인(rate-independent) 형식을 나타내는 0 이상의 상수이며, m, θ_m, θ_r 는 Johnson – Cook 모델(Johnson and Cook, 1983)을 기반으로 온도 효과를 고려하기 위한 매개변수이다.

5.5 결정립의 영향 분석(Analysis of Grain Orientation effect)

[표 5-3] 모델 파라미터

	Elastic properties		Thermal expan-sion coefficient	Diffusion		Plastic deformation	
	Young's modulus[Pa]	Poisson's ratio					
Cu	130×10^9	0.34	1.65×10^{-5}	D_0 $\left[\dfrac{\mathrm{m}^2}{\mathrm{s}}\right]$	2.0×10^{-5}	$\tau_0\,[\mathrm{Pa}]$	90×10^6
				$E_v[\mathrm{J}]$	0.38×10^{-23}	m	1.09
				R $\left[\dfrac{\mathrm{J}}{\mathrm{mol}\cdot\mathrm{K}}\right]$	8.314	$\theta_m\,[K]$	1323
				k $\left[\dfrac{\mathrm{J}}{\mathrm{K}}\right]$	1.38×10^{-23}	$\theta_r\,[K]$	300

(Wlanis et al., 2018; Liang et al., 2024)

이 장에서는 결정립의 영향을 분석하기 위하여 모델을 활용하여 유한요소법(finite element method) 시뮬레이션을 진행하였다. 시뮬레이션 모델은 5.2-5.3장의 열-압력 영향을 분석하기 위한 유한요소모델과 형상은 거의 동일하지만 결정립의 영향을 수식 (5.9-5.14)을 활용하여 추가적으로 고려하였다는 점이 다르다. Cu의 FCC 구조에서 각 (111) 면에는 네 가지 가능한 (110) 방향이 존재하며, 이로 인해 총 12개의 슬립 시스템이 형성된다. 이는 수식 (5.11)에서 고려되었다. 압력 변화 조건은 온도를 일정하게 유지하면서 압력이 인터페이스에 미치는 영향을 분석하기 위해 설정되었고, 온도 변화 조건은 압력을 일정하게 유지하면서 온도가 인터페이스에 미치는 영향을 분석하기 위해 설정되었다. 〈표 5-3〉에는 Wlanis et al.(2018)과 Liang et al.(2024)을 참고하여 시뮬레이션에 사용된 모델 파라미터가 제시되어 있다. 하부와 상부 Cu 박막의 표면 결정립 방향이 고려되었으며, 표면 방향은 접촉 면의 방향과 관련하여 논의된다.

〈그림 5-6〉는 300℃, 50MPa 조건에서 상단 및 하단 Cu 결정의 (111) 면 사이 결합에 대한 시뮬레이션 예를 보여준다. 왼쪽의 초기 단계에서 볼 수 있 듯이, 접촉 초기에 표면 거칠기로 인해 상·하단 Cu 박막 계면에 빈 공간이 형성되었다. 이 시점에서, 빈 공간과 접촉한 Cu 박막 영역 사이에 압력 구배가 발생하였고, 수식 (5.9)에 따라 Cu가 원자 확산을 통해 빈 공간을 채우기 시작하였다. 동시에 접촉 영역에서는 변형이 발생하여 결정 사이의 빈 공간이 닫히는 데 도움을 주었으며, 이는 식 (5.9)에 기반한다. 그림에 나타난 필드 등고선은 누적된 변형의 크기를 보여준다. 〈그림 5-6〉의 중앙 이미지는 빈 공간이 닫히는 과정을 나타내고, 오른쪽 이미지는 완전히 닫힌 빈 공간을 보여준다. 빈 공간 폐쇄 과정을 보다 자세히 확인할 수 있도록 Lee et al.(2025)에 관련 동영상이 제공되어 있다(https://doi.org/10.1016/j.ijplas.2025.104501). 빈 공간 폐쇄 정도는 가공 조건에 크게 영향을 받는다. 〈표 5-3〉을 기준으로, 이러한 조건에서 (111)-(111) 결정 조합의 최종 빈 공간 형태를 〈그림 5-6〉에 개략적으로 나타내었다. 그림에서 알 수 있듯, 압력이 증가함에 따라 빈 공간이 닫히는 뚜렷한 경향이 관찰된 반면, 온도는 상대적으로 작은 영향을 미쳤다. 이는

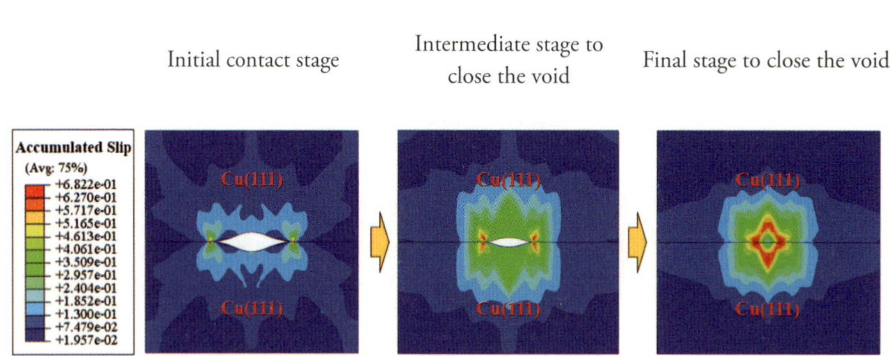

〈그림 5-6〉 300 ℃ 와 50 MPa 조건에서 (111)-(111) 조합의 본딩계면 해석 예시

원자 플럭스가 수식 (5.9)에 나타난 바와 같이 압력 구배의 직접적인 영향을 받기 때문이다. 이러한 경향은 Oh et al., (2025)에서 관찰된 결과와 유사하다.

이후 서로 다른 결정립 간의 결합을 분석하여 결정립 효과를 평가하였다. 본 분석의 목적은 여러 연구에서 (111) 결정립이 다른 결정립 방향보다 결합 인터페이스 형성에서 더 활발한 역할을 한다는 결과를 기계적으로 해석하는 것이다. 각 결정립 유형에 대한 압력과 온도의 영향이 상대적으로 작게 나타났기 때문에, 모든 조건에서 공극이 완전히 닫힌 상태(50 MPa, 300°C)에서 인터페이스를 비교하였다. 〈그림 5-7〉는 (111)-(110) 결정립 조합의 공극 폐쇄 과정을 보여준다. 초기 표면 거칠기와 형상은 〈그림 5-6〉과 동일했으나, 중간 이미지에서 볼 수 있듯이 (111) 결정립이 (110) 결정립보다 더 활발하게 움직이며 비대칭적인 폐쇄가 발생하였다. 완전히 결합이 완료된 오른쪽 이미지는 (111) 결정립이 (110) 결정립으로 침투하여 평탄하지 않은 결합 인터페이스를 형성했음을 보여준다. 이러한 행동은 동일한 방향의 결정립이 결합될 때 형성되는 대칭적 결합 인터페이스와 대조적이다. 이 과정은 Lee et al.,(2025)논문의 동영상 2에서 보다 자세히 확인할 수 있다(https://doi.org/10.1016/j.ijplas.2025.104501). 이러한 경향은 (111)-(100) 결정립 조합에서도 유사하게 나타났다. 〈그림 5-8〉 (a)-(c)는 각각 (111)-(110), (111)-(100), (110)-(100) 결정립 조합의 결합 인터페이스를 보여준다. 〈그림 5-8〉 (a)와 (b)에서 볼 수 있듯이, (111) 표면이 다른 결정립보다 더 활발하게 미끄러짐(slip) 현상을 보였다. 이는 (111) 표면이 결합 인터페이스 형성에서 가장 활발한 행동을 나타낸다는 실험 결과를 뒷받침한다(Liu et al., 2014; Ong et al., 2022; Yang et al., 2024). 또한, (110)과 (100) 결정립 조합에서는 (110) 결정립이 (100) 결정립을 약간 침투하는 경향이 있었다. 이 모든 결과는 실험적으로도 검증되었으며 자세한 실험결과는 Lee et al.,(2025)에 기술되어 있다.

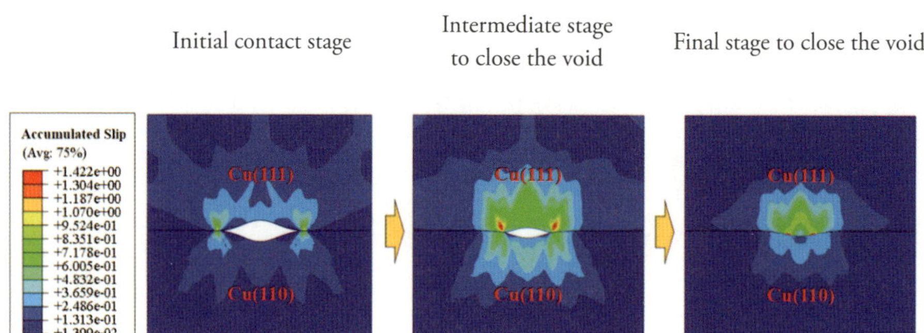

〈그림 5-7〉 300 ℃ 와 50 MPa 조건에서 (111)-(110) 조합의 본딩개면 해석 예시

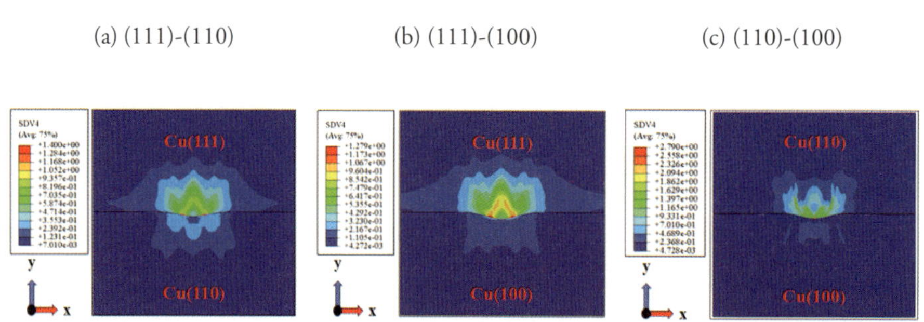

〈그림 5-8〉 서로다른 결정조합의 본딩개면 해석 예시

References

Admal, N.C., Po, G., & Marian, J. (2017). Diffuse-interface polycrystal plasticity: expressing grain boundaries as geometrically necessary dislocations. Mater. Theory, 1, 6.

Chen, K.N., Lee, S.H., Andry, P.S., Tsang, C.K., Topol, A.W., Lin, Y.M., & Haensch, W. (2006). Structure, design and process control for Cu bonded interconnects in 3D integrated circuits. Int. Electron Devices Meeting (IEDM), 1–4.

De Vos, J., Bogaerts, L., Buisson, T., Gerets, C., Jamieson, G., Vandersmissen, K., La Manna, A., & Beyne, E. (2013). Key elements for sub-50 µm pitch micro-bump processes. 2013 IEEE 63rd Electronic Components and Technology Conference (ECTC), Las Vegas, NV, USA, 1122–1126.

He, C., Zhou, J., Zhou, R., Chen, C., Jing, S., Mu, K., Huang, Y.-T., Chung, C.-C., Cherng, S.-J., Lu, Y., Tu, K.-N., & Feng, S.-P. (2024). Nanocrystalline copper for direct copper-to-copper bonding with improved cross-interface formation at low thermal budget. Nat. Commun., 15, 7095.

Hu, Z.J., Qu, X.P., Lin, H., Huang, R.D., Ge, X.C., Li, M., & Zhao, Y.H. (2019). Cu CMP process development and characterization of Cu dishing with 1.8 µm Cu pad and 3.6 µm pitch in Cu/SiO2 hybrid bonding. Jpn. J. Appl. Phys., 58(SH), SHHC01.

Jiang, M., Fan, Z., Kruch, S., & Devincre, B. (2022). Grain size effect of FCC polycrystal: a new CPFEM approach based on surface geometrically necessary dislocations. Int. J. Plast., 150, 103181.

Johnson, G.R., & Cook, W.H. (1983). A constitutive model and data for metals subjected to large strains, high strain rates, and high temperatures. Proceedings of the 7th Int. Symp. on Ballistics, 541–547.

Juang, J.Y., Lu, C.L., Li, Y.J., Tu, K.N., & Chen, C. (2018). Correlation between the microstructures of bonding interfaces and the shear strength of Cu-to-Cu joints using (111)-oriented and nanotwinned Cu. Materials (Basel), 11(12), 2368.

Khanna, A.J., Kakireddy, V.R., Fung, J., Yamamura, M., Jawali, P., Chockalingam, A., & Bajaj, R. (2020). Engineering surface texture of pads for improving CMP performance of sub-10 nm nodes. ECS J. Solid State Sci. Technol., 9(10), 104003.

Lee, E.H., Stoughton, T.B., & Yoon, J.W. (2017). A new strategy to describe nonlinear elastic and asymmetric plastic behaviors with one yield surface. Int. J. Plast., 98, 217–238.

Lee, J.-U., Lee, H.-D., Oh, S.-H., Shim, Y.-D., Kang, S., Kim, S., Lee, H.-J., & Lee, E.-H. (2025). Modeling framework and discussion of microstructural effects on the formation of Cu–Cu bonding interfaces in semiconductor stacking. Int. J. Plast., 104501.

Li, H., Liang, Z., Ning, Z., Liu, Z., Li, M., & Wu, Y. (2024). Low-temperature Cu–Cu direct bonding with ultra-large grains using highly (110)-oriented nanotwinned copper. Mater. Charact., 217, 114455.

Li, J., Zhang, Y., Zhang, H., Chen, Z., Zhou, C., Liu, X., & Zhu, W. (2020). The thermal cycling reliability of copper pillar solder bump in flip chip via thermal compression bonding. Microelectron. Reliab., 104, 113543.

Liang, S.Y., Song, J.M., Huang, S.K., Chiu, Y.T., Tarng, D., & Hung, C.P. (2018). Light enhanced direct Cu bonding for advanced electronic assembly. J. Mater. Sci. Mater. Electron., 29(16), 14144–14150.

Liu, C.-M., Lin, H.-W., Huang, Y.-S., Chu, Y.-C., Chen, C., Lyu, D.-R., Chen, K.-N., & Tu, K.-N. (2015). Low-temperature direct copper-to-copper bonding enabled by creep on (111) surfaces of nanotwinned Cu. Sci. Rep., 5, 9734.

Mánik, T., Asadkandi, H.M., & Holmedal, B. (2022). A robust algorithm for rate-independent crystal plasticity. Comput. Methods Appl. Mech. Eng., 393, 114831.

Mecking, H., & Kocks, U.F. (1981). Kinetics of flow and strain-hardening. Acta Metall., 29(11), 1865–1875.

Oh, S.H., Lee, H.D., Lee, J.U., Park, S.H., Cho, W.S., Park, Y.J., Haag, A., Watanabe, S., Arnold, M., Lee, H.J., & Lee, E.H. (2024). Thermodynamic modeling framework with experimental investigation of the large-scale bonded area and local void in Cu–Cu bonding interface for advanced semiconductor packaging. Int. J. Plast., 180, 104073.

Schaller, R.R. (1997). Moore's law: past, present and future. IEEE Spectr., 34(6), 52–59.

Shalf, J. (2020). The future of computing beyond Moore's law. Philos. Trans. R. Soc. A, 378(2166), 20190061.

Shie, K.C., Juang, J.Y., & Chen, C. (2019). Instant Cu-to-Cu direct bonding enabled by <111>-oriented nanotwinned Cu bumps. Jpn. J. Appl. Phys., 59(SB), SBBA03.

Shigetou, A., Itoh, T., Matsuo, M., Hayasaka, N., Okumura, K., & Suga, T. (2006). Bumpless interconnect through ultrafine Cu electrodes by means of surface-activated bonding (SAB) method. IEEE Trans. Adv. Packag., 29(2), 218–226.

Shigetou, A., Itoh, T., Sawada, K., & Suga, T. (2008). Bumpless interconnect of 6-µm-pitch Cu electrodes at room temperature. IEEE Trans. Adv. Packag., 31(3), 473–478.

Shim, Y.D., Kim, C., Kim, J., Yoon, D.H., Yang, W., & Lee, E.H. (2025). Integrated modeling framework for the interactions of plastic deformation, magnetic fields, and electrical circuits: theory and applications to physics-informed real-time material monitoring. Int. J. Plast., 184, 104212.

Syed, A., Dhandapani, K., Moody, R., Nicholls, L., & Kelly, M. (2011). Cu pillar and µ-bump electromigration reliability and comparison with high-Pb, SnPb, and SnAg bumps. 2011 IEEE 61st Electronic Components and Technology Conference (ECTC), Lake Buena Vista, FL, USA, 332–339.

Theis, T.N., & Wong, H.S.P. (2017). The end of Moore's law: a new beginning for information technology. Comput. Sci. Eng., 19(2), 41–50.

Tsai, W.S., Huang, C.Y., Chung, C.K., Yu, K.H., & Lin, C.F. (2017). Generational changes of flip chip interconnection technology. 12th International Microsystems, Packaging, Assembly and Circuits Technology Conference (IMPACT), 306–310.

Vlassak, J.J. (2004). A model for chemical–mechanical polishing of a material surface based on contact mechanics. J. Mech. Phys. Solids, 52(4), 847–873.

Wang, Y., Huang, Y.-T., Liu, Y.-X., Feng, S.-P., & Huang, M.-X. (2022). Thermal instability of nanocrystalline Cu enables Cu–Cu direct bonding in interconnects at low temperature. Scr. Mater., 220, 114900.

Wlanis, T., Hammer, R., Ecker, W., Lhostis, S., Sart, C., Gallois-Garreignot, S., Rebhan, B., & Maier, G.A. (2018). Cu–SiO2 hybrid bonding simulation including surface roughness and viscoplastic material modeling: a critical comparison of 2D and 3D modeling approach. Microelectron. Reliab., 86, 1–9.

Wuu, J., Agarwal, R., Ciraula, M., Dietz, C., Johnson, B., Johnson, D., & Naffziger, S. (2022). 3D V-Cache: the implementation of a hybrid-bonded 64 MB stacked cache for a 7 nm x86-64 CPU. 2022 IEEE International Solid-State Circuits Conference (ISSCC), 428–429.

Yoon, J.W., Yang, D.Y., Chung, K., & Barlat, F. (1999). A general elasto-plastic finite element formulation based on incremental deformation theory for planar anisotropy and its application to sheet metal forming. Int. J. Plast., 15(1), 35–67.

6장 반도체 제조공정 해석을 위한 플라즈마 시뮬레이션
Plasma process simulation for semiconductor manufacturing

6.1 플라즈마 공정의 개요와 모델링 소개

플라즈마(plasma)는 식각(etching), 증착(deposition), 활성화(activation) 등 반도체 제조 공정에서 사용되는 빈도가 늘어나고 있다. 플라즈마 식각에서 이온(ion)은 상대적으로 무겁고 극성이 있어 선택적 식각(selective etching)에 적합하다. 반도체 제조 공정에서는 주로 비열적(non-thermal) 플라즈마를 사용하는데, 안정적인 방전을 이루기 위해서는 여러 변수를 신중하게 조절해야 한다. 식각은 주로 저압(low-pressure) 환경에서 진행되며, 이 환경에서는 플라즈마의 거동은 고압(higher-pressure) 조건에서의 플라즈마(plasma)와 다르다(Hwang et al., 2014; Kim et al., 2021; Kim et al., 2025; Arslanbekov et al., 2006). 저압환경에서는 입자 간 거리가 충분히 확보되어 전기장에 의해 가속되는 효과가 크기 때문에, 충돌 시 효과적인 에너지 전달이 이루어진다. 이로 인해 식각 부산물(by-products)의 재침착(redeposition)이 줄어들면서 효율적인 식각이 가능하다. 연속체 모델(continuum model), 즉 유체 모델(fluid model)로 알려진 모델(model)들이 일반적으로 부분적으로 이온화된 플라즈마 시뮬레이션(partially ionized plasma simulations)에 사용되었다 (Boeuf et al., 1995; Rauf et al., 2003). 이러한 모델(model)은 보통 일정한 매개변수(constant parameters)를 사용하고 간단한 맥스웰 전자 에너지 분포 함수(Maxwellian electron energy distribution function, EEDF)를 적용하여 전자 거동(electron behavior)을 근사한다 (Ryu et al., 2022; Grari et al., 2022). 또한 이온 운동량(ion momentum)은 드리프트−확산 근사(drift-diffusion approximation, DDA)를 사용하여 단순화되었다. 이러한 단순화 는 계산 비용 측면에서 효과적이며 고압 조건에서 물리적 현상에 대한 만족 스러운 시뮬레이션 결과를 보여준다. 그러나 저압에서는 입자 평균 자유 행 로(particle mean free path)가 넓기 때문에 이러한 단순화가 만족스러운 결과를 내 지 못한다.

연속체 근사의 대안으로는 입자−셀(particle-in-cell, PIC) 모델링이 있다. 입 자−셀 모델은 전자(electron)와 이온 입자를 셀(cell) 내에서 모델링하고, 고전 적인 기계적(mechanical) 접근 방식을 통해 모든 입자의 모멘텀을 계산하고 추 적한다. 이 방법은 전자와 이온의 특정 거동을 모델링할 수 있다. 하지만 입 자−셀 모델은 과학적 연구에서 유용한 정보를 제공하지만, 대규모 시뮬레이 션 및 공학적 응용에는 제한이 있다. 그 이유는 계산에서 모든 입자((몰당 아보 가드로 수(Avogadro's number))를 나타내는 것은 도전적이기 때문이다. 따라서 입 자−셀 모델링에서는 계산 복잡성을 줄이기 위해 슈퍼 입자(super particles) 개념 이 도입된다. 이 접근법을 사용하더라도 입자−셀(PIC) 모델의 계산 속도를 지 속적으로 증가시키기 위해 클러스터와 슈퍼컴퓨터가 필요하다(Shin et al., 2022). 이러한 이유로 산업적 응용분야에서는 여전히 유체 모델의 실용성을 선호하 는 경향이 있다. 최근에는 유체 모델과 입자−셀 모델을 결합하여 각각의 단 점을 보완하려는 연구들이 시도되어 왔다(Mingliang et al., 2023; Pawlowski et al., 2018; Kolobove et al., 2022). 이러한 연구들은 하이브리드 모델(hybrid model)의 가능성에 대한 일반적인 학문적 논의에 중요한 통찰을 제공하였으나, 이러한 모델들의 공식화는 실제 공학 환경에 맞게 도출되고 구체화되어야 한다. 이 섹션에서는 섹션 3-4에 소개된 다중물리(multiphysics) 공식화(formulation)를 기반하여, 저압조건에서 플라즈마 시뮬레이션을 위한 효과적인 전자기-열-기계(electromagnetic-thermal-mechanical) 모델링 구조를 제시한다.

6.2 모델링 구체화(modeling specification)

6.2.1 열역학적 법칙(Thermodynamic balance laws)

이 연구에서는 저압 조건 하의 플라즈마 시스템에 대해 전자, 이온, 중성 입자의 에너지를 고려한 열-전기-기계 모델을 제안한다. 모델 정의를 위해서는 먼저 시간과 공간의 틀을 설정해야 한다. 기계적 에너지(mechanical energy)와 열 에너지(thermal energy)는 시간과 독립적인 유클리드 공간(Euclidean space)에서 모델링된다. 반면 전자기학은 로렌츠변환(Lorentz transformation)을 기반으로 한 시공간 결합 프레임을 고려하는 구성방정식의 설정이 필요하다. 그러나 대부분의 경우, 상대속도가 빛의 속도보다 훨씬 느리다고 가정하며(Lee, 2024), 이는 유클리드 공간에 대한 근사 모델을 가능하게 한다. 본 연구에서도 이러한 근사화를 적용하여 유클리드 공간에서 모델링을 수행하였다. 자세한 사항은 3.1장에 논의하였다. 또한 본 연구에서 다루는 플라즈마 공정은 진공조건(vacuum condition)에 가까운 진공상황이다. 이때 분극(polarization) $\mathbf{p}$와 자화(magnetization) $\mathbf{m}$은 무시할 수 있으며, 수식 (3.6)의 $\mathbf{d}$와 $\mathbf{b}$는 아래와 같이 단순화될 수 있다.

$$\mathbf{d} = \varepsilon_0 \mathbf{e}, \qquad\qquad (6.1a)$$

$$\mathbf{b} = \mu_0 \mathbf{h}. \tag{6.1b}$$

이 경우 수식 (3.11)의 맥스웰 응력 텐서(Maxwell stress tensor)는 아래와 같이 단순화되면 대칭텐서(symmetric tensor)가 된다.

$$\mathbf{T}_{EM} = \mathbf{T}_{EM}{}^{\mathrm{T}} = \mathbf{e}\otimes\mathbf{d} + \mu_0\mathbf{h}\otimes\mathbf{h} - \frac{1}{2}(\varepsilon_0\mathbf{e}\cdot\mathbf{e} + \mu_0\mathbf{h}\cdot\mathbf{h})\mathbf{I}. \tag{6.2}$$

수식 (6.1–6.2) 및 (3.13)에 기반하여 보존법칙 혹은 평형방정식(balance law) 은 아래와 같이 정리된다.

$$\rho\dot{\mathbf{v}} = \rho\mathbf{f}_m + \nabla\cdot\mathbf{T}_{EM} + \nabla\cdot\mathbf{T}, \tag{6.3a}$$

$$\mathbf{T} = \mathbf{T}^{\mathrm{T}}, \tag{6.3b}$$

$$\frac{\partial\rho}{\partial t} + \nabla\cdot(\rho\mathbf{v}) = \rho r_m, \tag{6.3c}$$

$$\rho\dot{\varepsilon} = \mathbf{T}\cdot\nabla\mathbf{v} + \rho h_t - \nabla\cdot(\mathbf{q} + \mathbf{e}\times\mathbf{h}). \tag{6.3d}$$

플라즈마는 크게 중성입자(neutral particle), 들뜬 중성입자(excited neutral particle), 이온(ion), 전자(electron)의 네 가지 입자군으로 나뉘며, 본 연구에서는 아르곤 (Ar)을 기반으로 각각 AR, AR*, AR+, E 네 가지 입자를 고려하였다. 각 입자 군에 대해 질량(mass), 운동량(momentum), 에너지 보존식(energy balance)을 따로 고 려하여 모델링 정밀도를 높였다. 따라서 식 (3.13a–d)에서 정의된 평형방정식은 플라즈마 시뮬레이션에서 중성, 들뜬중성, 전자, 이온을 모두 고려해야 한다. 이 경우, ρ와 r_m는 아래와 같이 근사할 수 있다.

$$\rho = \rho_n + \rho_{n^*} + \rho_i + \rho_e, \tag{6.4a}$$

$$\rho_n = y_n\rho, \ \rho_{n^*} = y_{n^*}\rho, \ \rho_i = y_i\rho, \text{and} \ \rho_e = y_e\rho. \tag{6.4b}$$

$$r_m = R_n + R_{n^*} + R_i + R_n. \tag{6.4c}$$

ρ_n, ρ_{n^*}, ρ_i, 그리고 ρ_e는 각각 중성, 들뜬 중성, 이온, 전자의 밀도를 의미한다. y_n, y_{n^*}, y_i, 그리고 y_e는 각각 중성, 들뜬 중성, 이온, 전자의 질량 분율을 나타낸다. 또한, R_n, R_{n^*}, R_i, 그리고 y_e는 각각 중성, 들뜬 중성, 이온, 전자의 단위 질량 생성률을 의미한다. 수식 (3.14)를 활용하면, 수식 (6.3)의 보존법칙은 아래와 같이 재정립될 수 있다.

$$(\rho_n + \rho_{n^*} + \rho_i + \rho_e)\dot{\mathbf{v}} = (\rho_n + \rho_{n^*} + \rho_i + \rho_e)\mathbf{f}_m + \nabla \cdot \mathbf{T}_{EM} + \nabla \cdot \mathbf{T}, \tag{6.5a}$$

$$\mathbf{T} = \mathbf{T}^{\mathrm{T}}, \tag{6.5b}$$

$$\frac{\partial}{\partial t}[(\rho_n + \rho_{n^*} + \rho_i + \rho_e)] + \nabla . [(\rho_n + \rho_{n^*} + \rho_i + \rho_e)\mathbf{v}] =$$
$$\rho(R_n + R_{n^*} + R_i + R_e), \tag{6.5c}$$

$$(\rho_n + \rho_{n^*} + \rho_i + \rho_e)\dot{\epsilon} = \mathbf{T} \cdot \nabla . \mathbf{v} + (\rho_n + \rho_{n^*} + \rho_i + \rho_e)h_t +$$
$$\rho(R_n + R_{n^*} + R_i + R_e)\epsilon - \nabla . (\mathbf{q} + \mathbf{e} \times \mathbf{h}), \tag{6.5d}$$

수식 (6.15a–d)은 각 물질의 구성 방정식을 고려하여 정교화되어야 한다. 각 종(species)의 물리적 특성이 다르기 때문에, 수치 해석의 효율성을 확보하기 위해 중성 입자, 들뜬 중성 입자, 이온, 전자를 각각 구분하여 평형방정식을 적용해야 한다. 특히 식 (6.5a)에 나타난 운동량 방정식의 경우, 전자에 비해 중성 입자, 들뜬 중성 입자, 이온이 훨씬 무겁기 때문에 이들의 영향이 지배적이다($\rho_n, \rho_{n^*}, \rho_i \gg \rho_e$). 따라서, 중성 입자, 들뜬 중성 입자, 이온에 대한 운동량 보존(momentum balance) 수식 (6.5)는 다음과 같이 근사할 수 있다.

$$(\rho_n + \rho_{n^*})\dot{\mathbf{v}} = \nabla \cdot \mathbf{T} \quad \text{(중성입자와 들뜬중성입자)}, \tag{6.6a}$$

$$\rho_i \dot{\mathbf{v}} = \rho_i \mathbf{f}_m + \nabla \cdot \mathbf{T}_{EM} \quad \text{(이온)}. \tag{6.6b}$$

식 (6.6a–b)에서는 일반적으로 가정되는 바와 같이 중력에 의한 힘 $\rho\mathbf{f}_m$이 $\nabla \cdot \mathbf{T}$에 비해 작다고 판단되어 무시하였다. 식 (6.5c)에 나타난 질량보존(mass balance)은 각 입자별로 개별적으로 고려된다.

$$\frac{\partial}{\partial t}(\rho_n) + \nabla \cdot (\rho_n \mathbf{v}) = \rho R_n \quad \text{(중성입자)}, \tag{6.7a}$$

$$\frac{\partial}{\partial t}(\rho_{n^*}) + \nabla \cdot (\rho_{n^*} \mathbf{v}) = \rho R_{n^*} \quad \text{(들뜬 중성입자)}, \tag{6.7b}$$

$$\frac{\partial}{\partial t}(\rho_i) + \nabla \cdot (\rho_i \mathbf{v}) = \rho R_i \quad \text{(이온)}, \tag{6.7c}$$

$$\frac{\partial}{\partial t}(\rho_e) + \nabla \cdot (\rho_e \mathbf{v}) = \rho R_e \quad \text{(전자)}, \tag{6.7d}$$

내부 에너지는 주로 무거운 입자(중성 입자, 들뜬 중성 입자, 이온)의 온도(temperature)와 전자온도(electron temperature)에 의해 지배된다. 이 경우, 변형 에너지 항 $(\mathbf{T} \cdot \nabla \mathbf{v})$을 무시하면, 식 (6.5d)는 무거운 입자와 전자에 대해 다음과 같이 재정리할 수 있다.

$$\rho(1 - y_e)\dot{\varepsilon} = \rho(1 - y_e)h_t + \rho(1 - R_e)\varepsilon - \nabla \cdot (\mathbf{q}) \quad \text{(중성, 들뜬중성, 이온),} \qquad (6.8a)$$

$$\rho_e\dot{\varepsilon} = \rho_e h_t + \rho R_e \varepsilon - \nabla \cdot (\mathbf{e} \times \mathbf{h}) \quad \text{(전자).} \qquad (6.8b)$$

본 연구에서는 지역화된 평형방정식 (6.6-6.8)을 활용하여 capacitively coupled plasma(CCP) 장비 조건을 모델링하였다. 각 입자에 대한 구성방정식은 다음 절에서 자세히 설명한다.

6.2.2 종의 물성에 대한 구성 방정식: 중성종과 들뜬 중성종

(Constitutive equations for species properties, neutral and excited neutral)

운동량 평형에 대한 수식 (6.6)의 코시응력(Cauchy stress) $\mathbf{T}$는 아래와 같이 정의될 수 있다.

$$\mathbf{T} = p\mathbf{I} + 2\mu\boldsymbol{\tau}, \qquad (6.9a)$$

$$p = \frac{1}{3}(\mathbf{T} \cdot \mathbf{I}), \qquad (6.9b)$$

$$\boldsymbol{\tau} = \text{dev}[\tfrac{1}{2}(grad\mathbf{v} + grad\mathbf{v}^{\mathrm{T}})]. \qquad (6.9c)$$

$\text{dev}[\mathrm{A}]$ 는 임의의 텐서(tensor) A의 편차성분(deviatoric part)이고, $\mathbf{p}$는 압력, μ

는 점도(viscosity)를 의미한다. 저압의 플라즈마 조건에서, μ는 종의 혼합(mixtures of the species) 조건을 고려하여 결정할 필요가 있다. Sutherland's law(Bird, 2002; White et al., 2006)에 기반하여, μ는 아래와 같이 결정한다.

$$\mu = \sum_{a=1}^{N} \frac{x_a \mu_a}{\Sigma \phi_{ab} x_b}, \tag{6.10a}$$

$$\mu_a = \frac{A_a \theta^{3/2}}{(B_a + \theta)}, \tag{6.10b}$$

$$\phi_{ab} = \frac{1}{\sqrt{8}} \left(1 + \frac{M_a}{M_b}\right)^{-\frac{1}{2}} \left[1 + \left(\frac{\mu_a}{\mu_b}\right)^{\frac{1}{2}} \left(\frac{M_b}{M_a}\right)^{\frac{1}{4}}\right]^2, \text{ and } \phi_{aa} = 1 \tag{6.10c}$$

아래첨자인 a와 b는 입자의 종류를 의미한다. 변수 x_a는 a종 입자의 몰분율(molar fraction)을, μ_a는 점도를, 그리고 ϕ_{ab}는 종 간의 영향함수(influence function)를 의미한다. θ은 절대온도(absolute temperature)를 의미하며, 무거운 입자들(중성, 들뜬 중성, 그리고 이온)은 동일한 온도를 가진다고 가정한다. M_n, M_{n^*}, M_i, 그리고 M_e는 각각 중성, 들뜬 중성, 이온, 전자의 몰질량(molar mass) 이다. 아르곤 가스의 점도에 대한 변수 값들은 참고문헌(Linstrom et al., ESI group, 2021)의 데이터셋을 기반으로 선택할 수 있으며, 〈표 6−1〉에 변수들이 정리되어 있다.

[표 6-1] Coefficients of Sutherland's law

Species	AR	AR*	AR+	E
A_a [kg/m · s · k$^{\frac{1}{2}}$]	1.966E-06	2.2002E-6	1.966E-06	0
B_a [K]	147.47	379.32	147.47	0
M_a [kg/kmol]	39.948	39.948	39.948	0.00054858

(Linstrom et al., ESI group, 2021)

내부 에너지는 무거운 입자종의 온도에 크게 영향을 받기 때문에, 식 (6.8a)
에 나타난 에너지 항은 다음과 같이 근사할 수 있다.

$$\rho(1 - y_e)\dot{\epsilon} \equiv \rho(1 - y_e)C_p\dot{\theta}, \text{ where} \qquad (6.11a)$$

$$C_P = \Sigma_a y_a c_{p,a}, \qquad (6.11b)$$

$$\frac{c_{p,a}}{R} = A_1 + A_2\theta + A_3\theta^2 + A_4\theta^3 + A_5\theta^4. \qquad (6.11c)$$

C_p는 비열(specific heat capacity)을 의미하며, Mixed JANNAF(Joint Army Navy
NASA Air Force) 방법에 기반하여 정의된다. 아래첨자 a는 입자의 종류를 나타
내며, $C_{p,a}$는 이상기체 이론에 따라 계산된 각 입자 a의 비열을 의미한다. R
은 보편기체상수(universal gas constant)를 나타낸다. C_p계산에 사용된 계수들은 〈표
6-2〉에 제시되어 있으며, 이는 JANNAF 혼합 방법을 이용해 곡선을 근사(fit)
하기 위해 실험 데이터베이스(Perini, 1972)로부터 참고한 실험 데이터를 기반으
로 한 것이다.

[표 6-2] Parameters for the Mixed JANNAF Method (Perini, 1972)

Species		AR	AR*	AR+	E
Coefficient of Mixed JANNAF Method (Lower range)	A_1[mol/kg]	2.5000	2.5003	2.3013	2.5000
	A_2[mol/kg·K]	0	0	0.0008	0
	A_3[mol/kg·K2]	0	0	-1.7588E-07	0
	A_4[mol/kg·K3]	0	0	-1.7811E-10	0
	A_5[mol/kg·K4]	0	0	-8.9373E-15	0

수식 (4.26–4.28)에 기반하고, 열전도도(thermal conductivity)를 등방성으로 가정하면 열유속(heat flux) $\mathbf{q}$는 아래와 같이 구체화될 수 있다.

$$\mathbf{q} = -K_t \nabla(\theta), \text{ where} \tag{6.12a}$$

$$K_t = \sum_{a=1}^{N} \frac{x_a k_a}{\Sigma \phi_{ab} x_a}, \tag{6.12b}$$

$$k_a = \mu_a * c_{p,a} * \left(1.32 + \frac{0.45 * R}{C_{p,a} * M_a}\right), \tag{6.12c}$$

$$\phi_{ab} = \frac{1}{\sqrt{8}}\left(1 + \frac{M_a}{M_b}\right)^{-\frac{1}{2}}\left[1 + \left(\frac{\mu_a}{\mu_b}\right)^{\frac{1}{2}}\left(\frac{M_b}{M_a}\right)^{\frac{1}{4}}\right]^2, \text{ and } \phi_{aa} = 1. \tag{6.13d}$$

$\mathbf{K}_t$는 혼합운동이론(mixed kinetic theory)과 modified Eucken 모델(Bird, 2002; Reid et al., 1987)에 기반하여 정의된 열전도도(thermal conductivity)이다. 체적발열원(Volumetric heat source) $\rho(1-y_e)h_t$은 아래와 같이 정의할 수 있다.

$$\rho(1-y_e)h_t = \dot{Q}_{ion} - \sum_{r=non\ elec} \varepsilon_r \dot{w}_r + \sum_{r=elastic} \varepsilon_r \dot{w}_r. \tag{6.14a}$$

$\dot{Q}_{ion}$는 이온–중성 입자 충돌에 의한 이온 오믹 가열(ion-neutral collisions for ion ohmic heating)을 의미한다. ε_r은 전자에너지(electron energy)를 의미하고, $\dot{w}_r$는 전자 유발 반응 속도 (electron-induced reaction rate)를 의미한다. $\dot{w}_r$는 반응속도상수(reaction rate constants) R_r에 기반하여 계산한다. 자세한 수치적 계산 방법은 Sim et al., (2024)에 기술되어 있다. 또한 수식 (6.7a)의 중성입자의 질량 보존(mass balance of neutral)은 아래와 같이 정의될 수 있다.

$$\rho_n \mathbf{v} = \mathbf{J}_n = \mathbf{J}_n^C + \mathbf{J}_n^T, \text{ where} \tag{6.15a}$$

$$\mathbf{J}_n^C = -\rho D_n^C \nabla(y_n), \tag{6.15b}$$

$$\mathbf{J}_n^T = -\rho D_n^T \nabla(\ln\theta). \tag{6.15c}$$

$\mathbf{J}_n$는 전체확산유속(diffusive flux)를 $\mathbf{J}_n^C$는 농도 구배에 의한 확산(concentration-driven diffusion)을, 그리고 $\mathbf{J}_n^T$는 온도영향에 의한 확산(thermo-diffusion)을 의미한다. 들뜬 중성 입자에 대해서도 $\mathbf{J}_{n^*}$ 및 질량 분율 y_{n^*}에 대해 동일한 형태의 방정식이 사용된다. 식 (6.24)에 포함된 항들의 세부 사항은 Sim et al., (2024)에 설명되어 있다.

6.2.3 이온의 구성방정식(Constitutive equations for ion)

이온에 대한 평형법칙은 수식 (6.6b)와 (6.7c)를 통해 고려된다. 식 (6.6b)에 나타난 운동량 평형 법칙에서 $\nabla \cdot \mathbf{T}_{EM}$는 식 (6.2)를 이용하여 아래와 같이 근사할 수 있다.

$$\nabla \cdot \mathbf{T}_{EM} = q\mathbf{e} + \mathbf{j} \times \mathbf{b} + \varepsilon_0\mu_0(\dot{\mathbf{e}} \times \mathbf{h} + \mathbf{e} \times \dot{\mathbf{h}}) \approx q\mathbf{e}, \tag{6.16a}$$

$$\text{where } \varepsilon_0\mu_0 = c^{-2} \ll (\dot{\mathbf{e}} \times \mathbf{h} + \mathbf{e} \times \dot{\mathbf{h}}), \tag{6.16b}$$

$$q\mathbf{e} \gg \mathbf{j} \times \mathbf{b}. \tag{6.16c}$$

식 (6.16c)에서 CCP 장비에서는 **e**의 영향이 **b**보다 훨씬 강하다. q는 자유 전하 밀도(free charge density)를 의미한다. 또한 식 (6.6b)에 나타난 $\rho_i \mathbf{f}_m$ 항은 다음과 같이 정의할 수 있다.

$$\rho_i \mathbf{f}_m = -\rho_i v_{ic} \mathbf{v} - \nabla(k_B \theta), \text{ where} \tag{6.17a}$$

$$v_{ic} = \frac{\pi_i m_i}{e}, \text{ and } m_i = \frac{\rho_i V}{n_i}, \tag{6.17b}$$

$$\pi_i = \left\{ \sum_b \frac{x_b}{\mu_{ab}} \right\}^{-1}, \text{ where} \tag{6.17c}$$

$$\mu_{ab} = \frac{1.85}{2\sigma_{ex,i}\sqrt{\theta\left(\frac{M_a M_b}{M_a + M_b}\right)}} \quad \text{(b는 모(母) 가스의 입자)} \quad \text{and} \quad \mu_{ab} = \frac{13.853 * 10^{-4}}{\sqrt{\alpha_b\left(\frac{M_a M_b}{M_a + M_b}\right)}} \quad \text{(b는 다른 중성입자들)}$$

이온의 운동성(Ion mobility)은 상대적인 관점에서 계산되며, 이온이 모가스(the parent gas)와 상호작용하는 경우와 중성 입자와 상호작용하는 경우를 구분하여 고려한다. 모가스 내에서는 중성 입자와 달리 상호 전기력이 존재하므로, 전하 교환 단면적(charge exchange cross-section)을 포함한 계산이 필요하다. 이는 입자 충돌 중 전하 교환이 발생할 확률을 나타내는 척도이다. 여기서 k_B는 볼츠만 상수(Boltzmann constant)이며, v_{ic}는 이온 충돌 빈도(ion collision frequency), m_i는 단일 이온의 질량(mass of a single ion), π_i는 한 이온의 운동성(mobility of an ion), $\sigma_{ex,i}$와 α_b는 각각 전하 교환 단면적과 분극률(polarizability)을 나타낸다. 이 값들은 참고 문헌(ESI, 2021; NIST, 2022)에 기반하며, 〈표 6−3〉에 제시되어 있다. V는 공간 부피를 의미하며, 이온이 변형되지 않는다고 가정할 경우, 이온의 밀도는 일정하므로 $\rho_i V$는 공간 내 이온의 질량을 나타낸다. e는 단위 전하량, n_i는 이온의 수밀도(ion number density)를 의미한다.

수식 (6.7c)의 이온의 질량보존에서, 유속벡터(flux vectors)는 다음과 같이 정의가 된다.

$$\rho_i \mathbf{v} = \mathbf{J}_i^C + \mathbf{J}_i^D + \mathbf{J}_i^T \quad \text{where} \tag{6.18a}$$

$$\mathbf{J}_i^C = -\rho D_i^C \nabla(y_i), \tag{6.18b}$$

$$\mathbf{J}_i^D = \rho_i U_{di} y_i = \rho_i (\mathbf{v} - \textstyle\sum_a \mathbf{v} y_a) y_i, \tag{6.18c}$$

$$\mathbf{J}_i^T = -\rho D_i^T \nabla(h \ \theta). \tag{6.18d}$$

전체환산유속 $\mathbf{J}_i$은 농도 구배에 의한 확산(concentration-driven diffusion) $\mathbf{J}_i^C$와 드리프트-확산(drift diffusion) $\mathbf{J}_i^D$, 그리고 온도에 의한 확산(thermo-diffusion) $\mathbf{J}_i^T$를 포함한다. D_i^C와 D_i^T은 환산상수(diffusion coefficient parameters)를 의미한다. D_i^C와 D_i^T의 구체적인 값을 계산하기 위해서, Stefan—Maxwell model이 사용된다.

이온 운동량 평형 수식 (6.6b)에서 좌변 항을 무시하면, 해당 방정식은 플라즈마 응용에서 일반적으로 사용되는 유체 모델의 드리프트-확산 근사법 (DDA, Drift-Diffusion Approximation)에 의해 단순화된다. DDA는 충돌 빈도가 이온화 빈도보다 우세한 경우에 적용되는 가정으로, 시간에 대한 미분 항과 관성 항을 생략할 수 있어 전기장, 압력 변화, 충돌 항이 지배적인 단순화된 방정식이 된다. 다시 말해, DDA는 충돌이 자주 발생한다는 전제하에 기반을 두고 있으나, 실제로는 저압 환경에서는 충돌이 상대적으로 드물기 때문에 이 가정이 타당하지 않을 수 있다. 따라서 운동량은 운동량 보존식을 직접 풀어 계산하는 것이 필요하다.

[표 6-3] Parameters for ion mobility (ESI, 2021; NIST, 2022)

	AR	AR*	AR+	E
Polarizability, $\sigma_{ex,i}$ $[\dot{A}^2]$	1.664	1.642	1.642	1.642
Charge Exchange Cross Section, $\sigma_{ex,i}$ $[\dot{A}^3]$	49	49	49	40

6.2.4 전자의 구성방정식(Constitutive equations for electron)

전자의 구성방정식을 고려하기 위해서는, 맥스웰 방정식(Maxwell's equations)을 아래와 같이 고려해야 한다.

$$\nabla \times \mathbf{e} = -\frac{\partial \mathbf{b}}{\partial t}, \tag{6.19a}$$

$$\nabla \cdot \mathbf{b} = 0, \tag{6.19b}$$

$$\nabla \cdot \mathbf{d} = q, \tag{6.19c}$$

$$\nabla \times \mathbf{h} = \frac{\partial \mathbf{d}}{\partial t} + \mathbf{j}. \tag{6.19d}$$

맥스웰 방정식에서, 전기적 포텐셜(electrical potential) φ은 전기장 밀도(electrical field density)를 아래와 같이 정의한다.

$$\mathbf{e} = \nabla\varphi. \tag{6.20}$$

자유전자밀도(Free charge density) q는 다음과 같이 구체화하여 계산할 수 있다.

$$q = e(\frac{1}{M_i}\rho_i - \frac{1}{M_e}\rho_e). \tag{6.21}$$

CCP plasma 챔버에서는 자기장밀도(magnetic field density) $\mathbf{h}$의 영향은 전기장 $\mathbf{e}$에 비해 무시할 수 있다. 수식 (6.1), (6.20)와 (6.21)을 맥스웰 방정식에 대입하면 아래의 관계를 도출한다.

$$\varepsilon_0 \nabla \cdot (\nabla \phi) = e(\frac{1}{M_i}\rho_i - \frac{1}{M_e}\rho_e). \tag{6.22}$$

전자의 질량평형 수식 (6.7d)에서, 유속벡터(flux vector)는 아래와 같이 구체화된다.

$$\rho_e \mathbf{v} = \mathbf{J}_e = \rho(-D_e \nabla y_e + \pi_e n_e \nabla \phi). \tag{6.23}$$

D_e와 π_e는 각각 전자의 확산(diffusivity)과 운동성(mobility)이다. 수식 (6.23)에 기반하하여 전류밀도벡터(current density vector) $\mathbf{j}$ 역시 아래와 같이 정의가 될 수 있다.

$$\mathbf{j} = -e\mathbf{J}_e. \tag{6.24}$$

수식 (6.24)은 이온 전류(ion current)의 영향을 포함하지는 않는다. 수식 (6.23-6.24)의 전자유속(electron flux)의 값을 구체화하기 위해서는 다음의 관계식들을 풀어내야 한다.

$$R \int_0^\infty u^{1/2} f_e \, du = \int_0^\infty \left(\sqrt{\frac{2e}{m_e}} u^{1/2} \sigma \right) u^{1/2} f_e \, du, \tag{6.25a}$$

$$D_e \int_0^\infty u^{1/2} f_e \, du = \frac{2}{3 m_e v_{ec}} \int_0^\infty u^{3/2} f_e \, du, \tag{6.25b}$$

$$\pi_e \int_0^\infty u^{1/2} f_e \, du = \frac{2}{3 m_e v_{ec}} \int_0^\infty u^{3/2} \frac{\partial f_e}{\partial u} \, du, \tag{6.25c}$$

역기서 u는 운동에너지(kinetic energy), σ는 충돌단면적(collision cross section), 그리고 m_e는 전자의 질량(mass of electrons)을 의미한다. f_e는 전자 에너지 분포 함수(EEDF)인데 이는 볼츠만 방정식(Boltzmann equation)을 풀어서 계산한다. Hagelaar et al., (2016; 2019)에 기반하여, 본 연구에서는 전자 에너지 분포 함수를 계산하기 위해 널리 사용되는 2항 근사(two-term approximation)를 적용하였다. Boltzmann 해석기인 Bolsig+Hagelaar et al., (2019)를 사용하여 계산을 수행하였으며, 그 결과는 시뮬레이션에 활용되었다. 여기서, 수송 특성은 운동 에너지를 기준으로 정의하였다. 전자 에너지 분포 함수는 〈그림 6-1〉에 제시되어 있다. v_{ec}는 전자 충돌 주파수로, 이는 다음과 같이 정의된다.

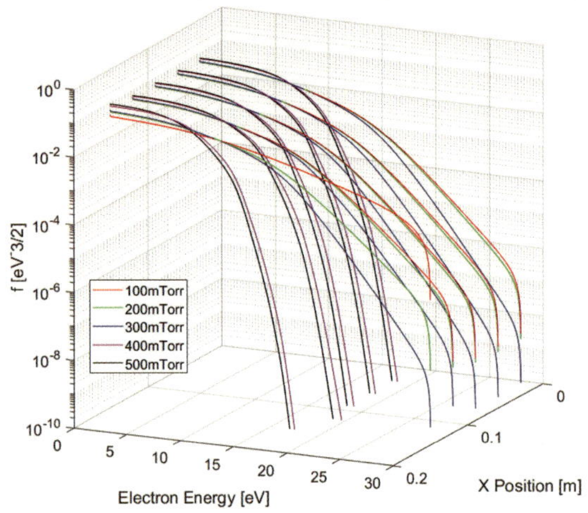

〈그림 6-1〉 전자에너지 분포(로그스케일)

$$v_{ec} = \sqrt{\frac{2e}{m_e}}\,\varepsilon^{\frac{1}{2}}\{\Sigma_a n_a (\sigma_{em} + \sigma_{inel}) + n_e \frac{\sigma_{ei}}{0.582}\}, \tag{6.26a}$$

$$\sigma_{ei}(\varepsilon) = \frac{\pi}{(e\varepsilon)^2}\left(\frac{e^2}{4\pi\varepsilon_0}\right)^2 \ln \Lambda, \tag{6.26b}$$

$$\ln \Lambda = -\frac{1}{2}\ln\left(\frac{n_e(e/\varepsilon_0)^3}{9(4\pi)^2 T_e{}^3}\right). \tag{6.26c}$$

σ_{ei}는 전자−이온 운동량 전달 단면적(electron-ion momentum transfer cross section)을, σ_{em}은 탄성 충돌 단면적(elastic collision cross section)을, σ_{inel}은 비탄성 충돌 단면적(inelastic collision cross section)을 나타낸다. ε은 전자 에너지(electron energy)를 의미하여, T_e은 전자온도(electron temperature)이다. 본 연구에서 사용된 모든 단면적 데이터(cross-section data)와 아레니우스(Arrhenius) 상수는 콜로라도 대학교 JILA(Joint Institute for Laboratory Astrophysics)의 데이터베이스에서 제공되었으며, 이는 ACE 데이터베이스(ESI, 2021)에서 활용된 자료이다. 이 중 단면적 데이터는 문헌(Yamabe, 1983)을 기반으로 하였으며, 아레니우스 형태에서의 지수 전 계수(pre-exponential factor)와 활성화 온도는 〈표 6–4〉에 정리되어 있다. 또한, 모델의 근사에 대한 논의가 필요하다. 식 (6.26a–c)는 충돌 빈도 v_{ec}가 일정하다는 가정하에 유효하다. 전자 물성치(R, D_e 그리고 π_e)를 다양한 조건에서 얻기 위해, 시뮬레이션 시작 수식 (6.25)을 한 번만 계산하여 물성치를 사전 도출한다. 이때, 하나의 고정된 v_{ec}조건에 대해 계산하는 것이 아니라, 다양한 v_{ec}값을 포괄할 수 있도록 다수의 경우(case)에 대해 계산을 수행한다. 이렇게 도출된 물성치는 조건에 따라 저장되며, 시뮬레이션이 진행되는 동안 각 시간 단계에서 해당 조건에 맞는 값이 선택되어 사용된다. 즉, 매 시간 단계마다 모델은 조건을 계산한 후, 식 (6.26)을 이용해 충돌 빈도를 산정하고, 그에 해당하는 저장된 물성치를 불러와 적용한다. 이러한 방식은 매 시간 단계마다 충돌 빈도 변화에 따라 수송 계수를 직접 계산하는 방법에 비해 정확도에 일부 영향을 줄 수 있으나, 산업적 응용을 고려할 때 계산 효율을 크게 향상시킨다는 장점이 있다. 한편, 전자의 에너지 분포를 맥스웰리안(Maxwellian) 분포로 가정하는 방법도 있지만, 이러한 가정은 국소 최소값(local minimum)과 같은 현상을 정확히 모델링하기 어렵게 만든다.

[표 6-4] 볼륨반응에 대한 파라미터(ESI, 2021; Yamabe et al., 1983)

Chemical Reaction	Pre-Exponential Factor (Ap)	Temperature Exponent (n)	Pressure Exponent (m)	Activation Temperature (Ea/R)
AR+E –〉 AR+E	Cross section data from the JILA database			
AR+E –〉 AR++2E	Cross section data from the JILA database			
AR*+E –〉 AR++2E	3E-13	0.1	0	5.22
AR+E –〉 AR*+E	1.2E-14	0	0	11.94

Kovetz(2000)의 정식화에 따르면, 전자 에너지 평형식 (6.8b)에서의 $[-\nabla \cdot (\mathbf{e} \times \mathbf{h})]$ 항은 다음과 같이 근사할 수 있다.

$$-\nabla \cdot (\mathbf{e} \times \mathbf{h}) = \mathbf{j} \cdot \mathbf{e} + \varepsilon_0 \mathbf{e} \cdot \dot{\mathbf{e}} + \mu_0 \mathbf{h} \cdot \dot{\mathbf{h}}. \tag{6.27}$$

따라서 수식 (6.8b)에서의 전자 에너지는 다음과 같이 근사된다.

$$\rho_e \dot{\epsilon} \equiv \frac{3}{2} \rho_e \dot{T}_e. \tag{6.28}$$

$\rho_e h_t$는 아래와 같이 구체화된다.

$$\rho_e h_t = \frac{5}{2} \nabla \cdot [\rho_e D_e \nabla(T_e)]. \tag{6.29}$$

식 (6.29)에서의 전자 에너지 플럭스는 맥스웰 분포 근사(Maxwellian approximation)에 기반한 근사 결과이다. 이는 유체 모델의 구조적 틀을 이용하여 평형 법칙을 구성한 데에 기인한다. 그러나 이 경우 모델의 일관성을 위해 확산 계수 D_e를 단순화하면, 모델의 정확도가 크게 저하될 수 있다. 따라서 본 모델에서는 정확도를 높이기 위해 식 (6.25)을 이용하여 D_e를 계산하였다. 이러한 가정들은 입자의 전체 거동을 완전히 반영하지 못한다는 한계를 가진다. $\rho R_e \varepsilon$는 다음과 같이 주어진다.

$$\rho R_e \epsilon = -y_e \sum_r n_r k_r \varepsilon_r. \tag{6.30}$$

6.3 플라즈마 시뮬레이션(Plasma simulation)

플라즈마 공정의 수치해석에서는 구성방정식(constitutive equation)을 고려하여, 평형법칙(balance law) 수식 (6.6a–6.8b)을 각 시간 단계마다 $\{y_n, y_i, y_{n^*}, y_e, \theta, T_e, \mathbf{v}\}$의 값을 구하기 위해 함께 해석하였다. 제안된 방정식을 풀기 위해 다양한 수치 기법을 사용할 수 있으며, 본 연구에서 다룬 드라이 에칭(dry etching)은 직사각형 격자로 모델링할 수 있기 때문에 유한차분법(Finite Differential Method)을 통해 쉽게 계산할 수 있다.

본 연구에서 시뮬레이션의 첫 번째 목표는 제안된 모델이 저압 조건(본 연구에서는 100 mTorr ~ 500 mTorr)에서 전자 밀도의 거동을 효과적으로 설명할 수 있는지를 검증하는 것이다. 본 책에서는 정확한 검증을 위해 동일한 시뮬레이션 설정을 사용하여, 충분히 연구된 PIC model(Kim et al., 2022)과 비교함으로써 제안된 모델을 검증하였다(그림. 6.2 참조). 시뮬레이션에는 문헌(Kim et al., 2022)에서 제시된 대표적인 7가지 사례를 선택하여 적용하였으며, 추가적으로 제안된 모델과 일반적인 유체 모델의 성능을 비교하기 위해 사례 8과 9를 추가로 구성하였다. 시뮬레이션에 사용된 공통 경계 조건은 〈표 6–5〉에, 아홉 가지 사례에 대한 요약은 〈표 6–6〉에 정리되어 있다.

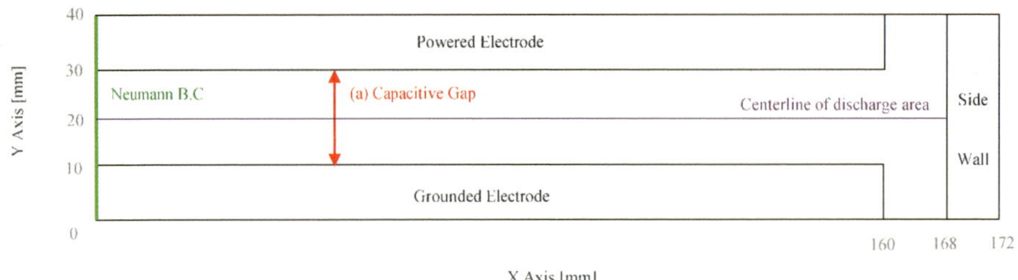

〈그림 6-2〉 시뮬레이션 검증을 위한 기하학적 형상

[표 6-5] 검증을 위한 시뮬레이션 세팅

Gas Type	Argon					
Time Step per Cycle	100					
Driving Frequency	13.56 MHz					
Inlet	47.75 SCCM					
Outlet	1 (Mass Fraction)					
Initial condition	y_n	y_{n^*}	y_i	y_e	θ	T_e
	0.99999998	0	$2\times10-8$	0	300K	2eV

[표 6-6] 검증을 위한 시뮬레이션 종류들

Case no.	Pressure (mTorr)	Gap Distance (cm)	Voltage (V)	Sidewall Distance (cm)	Electron Energy Distribution Function	Ion Momentum Equation
1	100	2	100	0.8	Boltzmann solver	O
2	200	2	100	0.8	Boltzmann solver	O
3	300	2	100	0.8	Boltzmann solver	O
4	400	2	100	0.8	Boltzmann solver	O
5	500	2	100	0.8	Boltzmann solver	O
6	100	3	100	0.8	Boltzmann solver	O
7	100	4	100	0.8	Boltzmann solver	O
8	100	2	100	0.8	Maxwellian	O
9	100	2	100	0.8	Boltzmann solver	X

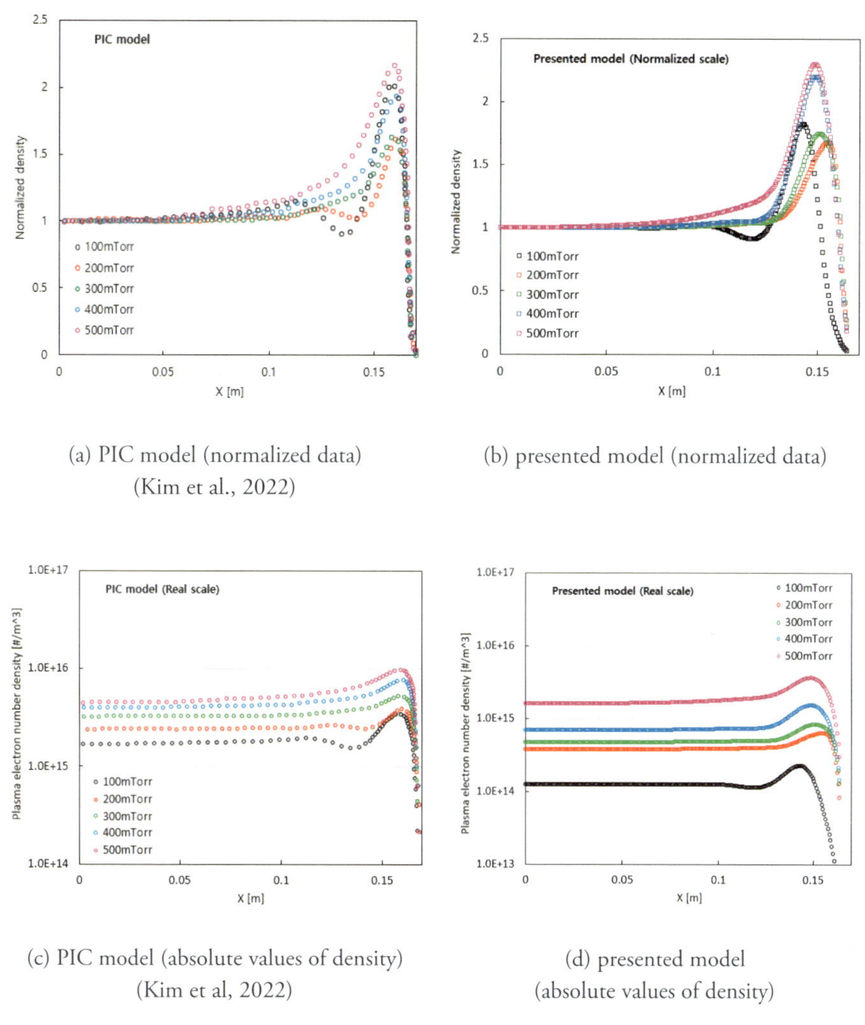

(a) PIC model (normalized data)
(Kim et al., 2022)

(b) presented model (normalized data)

(c) PIC model (absolute values of density)
(Kim et al, 2022)

(d) presented model
(absolute values of density)

〈그림 6-3〉 Time-averaged electron density plots along
the centerline of the discharge region according to pressure:
그림은 Sim et al.,(2024)에서 인용함.

〈그림 6-3〉 (a)와 (b)는 각각 PIC 모델과 본 논문에서 제안한 모델을 통해 도출된 챔버 내 시간 평균 전자 밀도 분포(time-averaged electron density)를 보여준다. 또한 〈그림 6-3〉 (c)와 (d)는 각각 PIC 모델과 제안된 모델에서 얻어진

전자 밀도 분포의 절대값을 나타낸다. 여기서 시간 평균 전자 밀도란 하나의 RF 주기 동안의 전자 밀도의 평균값을 의미하며, 본 연구에서는 방전 영역 중심선에서 측정한 RF 주기(100 time steps) 동안의 평균 전자 밀도를 의미한다. 정규화(normalization)는 $x=0$ 위치에서의 전자 밀도 값으로 나누는 방식으로 수행되었으며, 이로 인해 모든 조건에서 $x=0$에서의 정규화된 전자 밀도는 1이 되도록 하였다. 〈그림 6-3〉 (c)와 (d)에서 확인할 수 있듯이, 두 모델 모두 압력이 증가함에 따라 전자 밀도가 증가하는 경향을 일관되게 보여준다. 그러나 전자 밀도의 절대값에서는 차이를 나타내며, 이러한 차이는 특히 전자에 대한 근사화로 인해 발생한 것으로 판단된다. 전자수송(electron transport) 및 플럭스(flux)에 영향을 주는 물성은 볼츠만 솔버(Boltzmann solver)를 통해 계산되었으나, 전체적인 균형 방정식은 6.2장의 수식들을 활용하였다. 한편, 정규화된 전자 밀도는 상대적인 분포를 더 명확하게 보여주며, PIC 모델과의 분포 비교에 있어 보다 직관적인 결과를 제공한다. 〈그림 6-3〉 (a)와 (b)에서 보이듯이, 모든 조건에서 두 모델은 정규화된 분포에서 유사한 경향을 보였으며, 100mTorr 조건에서는 약 0.13m 지점에서 국소적인 최소값(local minimum)이 발생하였다. 저압 조건에서는 평균 자유 경로가 길어지기 때문에 충전 입자들이 충돌 없이 반응 챔버 전체를 이동할 수 있다. 이에 따라 입자들의 에너지 이완 길이도 길어지며(Lieberman and Lichtenberg, 2005), 입자가 에너지를 획득하고 손실하는 위치가 달라져 국소 최소값이 형성되는 것이다(Kolobov et al., 2020; Bera et al., 2021). 국소 최소값의 위치는 장치 구조와 같은 외부 조건의 영향을 받는다. 특히 CCP의 경우, 전극 중심 영역에서 방전이 안정적으로 유지되며, 전극의 끝부분(약 0.15 ~ 0.16 m 부근)에서 플라즈마 밀도가 최대에 이른다. 에너지 이완 길이가 길어지면서 이러한 국소 최소 현상은 전극 중심 방향으로 나타나게 된다.

〈그림 6-4〉는 100mTorr 및 200mTorr 조건에서 두 모델의 비교를 나타

낸 것이다. 〈그림 6-4〉 (a)는 100mTorr 조건에서 두 모델 간의 전자 밀도 분포를 비교한 것으로, 두 모델 모두 명확한 국소 최소값을 보이고 있다. 다만 앞서 설명한 두 모델 간의 본질적인 차이로 인해 크기와 위치에는 약간의 차이가 존재한다. 〈그림 6-4〉 (b)에서는 200mTorr 조건에서 두 모델의 전반적인 경향이 매우 유사하게 나타나며, PIC 모델 결과와의 일부 차이는 존재하지만, 200mTorr에서는 명확한 국소 최소값이 관찰되지 않는다. 국소 최소값의 발생 여부는 전자에너지 이완길이(EERL: Electron Energy Relaxation Length)의 영향을 받으며, 이는 압력, 운동량 전달, 충돌 등에 따라 달라진다. EERL이 전극 간 거리와 같은 임계값을 초과할 경우, 국소 최소값이 나타날 가능성이 높아진다. 본 연구에서 참조한 두 PIC 모델 연구(Hwang et al., 2014; Kim et al., 2022)에 따르면, 100mTorr 이하의 압력 조건에서는 EERL이 충분히 커서 국소 최소값이 발생한다는 데 의견이 일치한다. 그러나 200mTorr 조건에서는 두 연구(Hwang et al., 2014; Kim et al., 2022)의 결과가 상반된다. 〈그림 6-3〉의 결과는 200mTorr에서 국소 최소값이 발생한다는 Kim et al., (2022)의 결과와 일치하는 반면, Hwang et al., (2014)의 연구에서는 동일한 조건에서 이러한 현상이 발생하지 않는 것으로 보고되었다. Hwang et al., (2014)의 연구는 13.56 MHz 조건에서 200mTorr가 국소 최소값이 나타나는 임계 경계선 상에 위치한다고 제시하였으며, 이는 본 연구의 조건과도 일치한다. 이는 200mTorr 조건에서 국소 최소값 현상이 발생할 수도 있고, 발생하지 않을 수도 있음을 의미한다. 본 논문에서 제안한 모델은 EEDF(Electron Energy Distribution Function)를 기반으로 수송 물성 및 기타 인자를 계산하므로, 이는 EERL에 직접적인 영향을 미친다. 따라서 현재 모델에서 수송 및 충돌에 영향을 주는 변수들을 조정하면 200mTorr에서도 국소 최소값이 발생할 가능성이 있다. 그러나 앞서 논의한 바와 같이, 200mTorr에서 국소 최소값이 발생한다고 단정하는 것은 모델의 정확성을 보장하지 못한다. 또한 〈그림 6-4〉 (b)에서 확인할 수 있듯이,

제안된 모델은 국소 최소값을 제외하고는 200mTorr 조건에서도 PIC 모델과 매우 유사한 경향을 나타내고 있다.

〈그림 6-5〉는 사례 1, 6, 7에 대해 전극 간격이 증가함에 따라 방전 영역 중심선에서의 시간 평균 전자 밀도 분포가 어떻게 변화하는지를 보여준다. 이 결과에서도 동일한 경향이 관찰되며, 두 모델 모두에서 전극 간 정전 용량(capacitance gap)에 따른 플라즈마 분포의 거동이 유사하게 나타났다. 전극 간격이 증가함에 따라 플라즈마 밀도 최대값의 위치는 점차 반응기 중심으로 수렴하는 경향을 보였다. 또한, 전극 간격이 넓어질수록 국소 최소값의 깊이는 줄어드는 것으로 나타났는데, 이는 넓은 전극 간격이 플라즈마가 에너지를 충분히 이완(relax)하고 소산(dissipate)할 수 있는 시간을 제공하기 때문이다. 다시 말해, RF 주기에 따라 전극 방향으로 상하 운동을 하는 입자들이 에너지를 잃고 중성 상태로 안정화될 수 있는 충분한 거리를 확보하게 된다. 이는 국소 최소값과 같은 비대칭적인 플라즈마 분포가 발생할 가능성이 감소함을 의미하며, 플라즈마 입자들이 안정적인 중성 상태로 이완될 수 있는 경로가 길어졌기 때문이다. 결론적으로, 제안된 모델은 참조 PIC 모델(Kim et al., 2022)과 비교했을 때 압력 및 구조적 조건에 따른 플라즈마 분포의 변화를 잘 반영하고 있음을 보여준다.

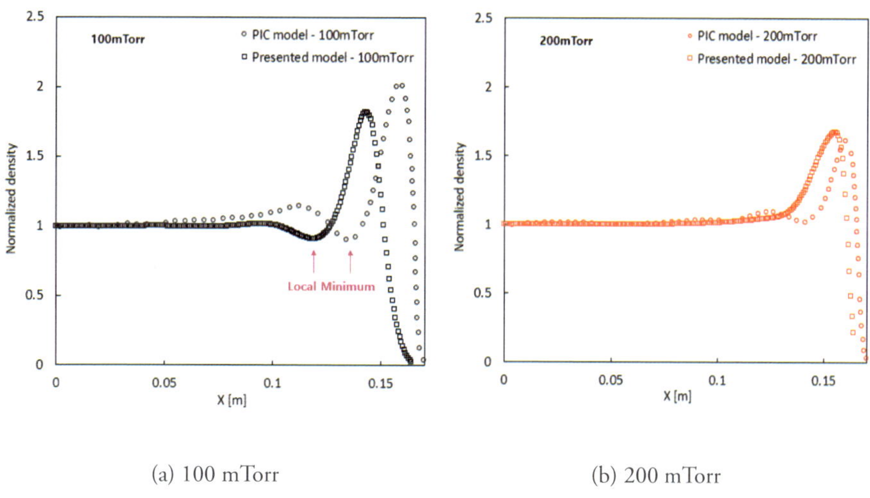

(a) 100 mTorr   (b) 200 mTorr

〈그림 6-4〉 Time-averaged electron density plots along the centerline of discharge region at low-pressure conditions. 그림은 Sim et al.,(2024)에서 인용함.

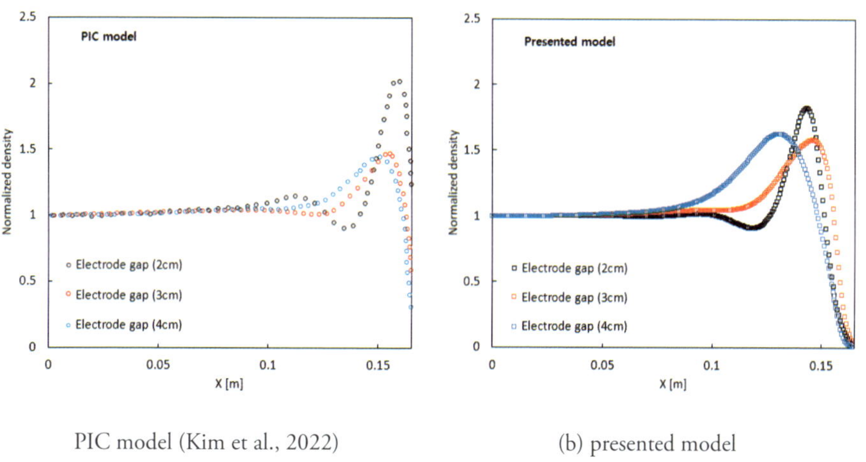

PIC model (Kim et al., 2022)   (b) presented model

〈그림 6-5〉 Time-averaged electron density plots along the centerline of the discharge region according to the capacitive gap. 그림은 Sim et al.,(2024)에서 인용함.

〈그림 6-6〉 (a)는 제안된 모델에서 EEDF(전자 에너지 분포 함수)의 유형에 따른 영향을 100mTorr 조건에서 비교한 것으로, 사례 1과 사례 8의 결과를 비교한 것이다. 〈그림 6-6〉 (b)는 〈그림 6-6〉 (a)의 결과를 로그 스케일로 표현한 것이다. 파란색 점은 〈그림 6-3〉 및 〈그림 6-4〉에서 제시된 제안 모델의 결과를 나타내며, 빨간색 사각형은 일반적인 유체 모델에서 널리 사용되는 맥스웰리안(Maxwellian) EEDF를 가정하여 도출된 결과를 나타낸다. Maxwellian EEDF를 가정한 경우, 방전이 오직 가장자리 영역에서만 과도하게 발생하며 전체 영역에서는 방전이 충분히 이뤄지지 않아 비합리적인 결과를 보인다. 이러한 결과는 전 영역에서 안정적인 방전이 발생했다고 보기 어려우며, 시뮬레이션 결과로 간주하기 어렵다. 맥스웰리안 가정은 고압 환경에서는 유용하게 활용되어 왔지만(Godyak et al., 1992), 저압 조건에서는 적절한 결과를 제공하지 못한다. 〈그림 6-6〉의 결과는 저압 환경에서 제안된 모델이 맥스웰리안 가정보다 더 우수한 성능을 나타냄을 명확히 보여준다.

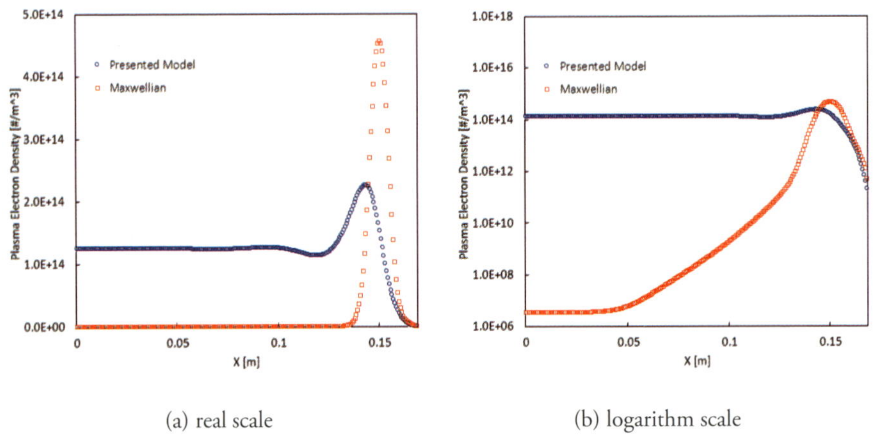

(a) real scale   (b) logarithm scale

〈그림 6-6〉 Effect of EEDF in the simulation. 그림은 Sim et al.,(2024)에서 인용함.

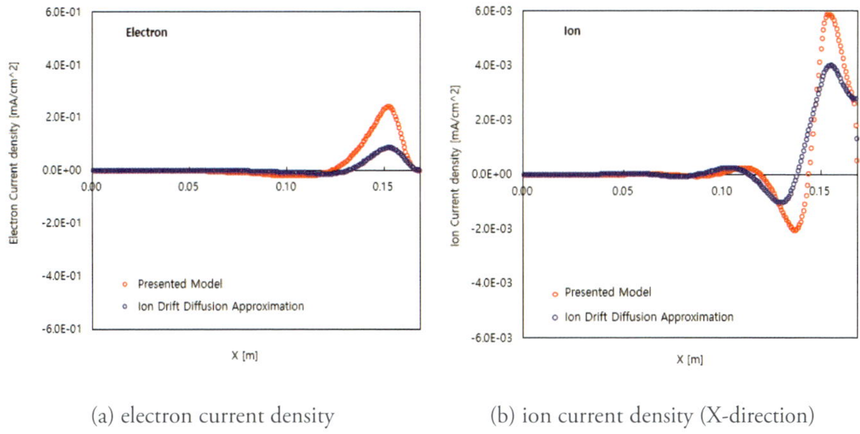

(a) electron current density　　　　　(b) ion current density (X-direction)

〈그림 6-7〉 Effect of solving the ion momentum balance on. 그림은 Sim et al.,(2024)에서 인용함.

〈그림 6-7〉은 이온 운동량 방정식 (수식 6.16b)의 해석 여부에 따른 영향을 확인하기 위해, x-방향 전하 입자의 전류 밀도를 비교한 것이다. 비교는 사례 1(제안된 모델)과 사례 9(Ion DDA approximation) 간에 이루어졌으며, 전류 밀도는 전하 입자의 운동량에 비례하므로 전하 입자의 운동 특성을 나타낸다고 볼 수 있다. 〈그림 6-7〉 (b)는 전자 밀도가 가장 높은 약 0.15m 영역에서, 이온 운동량을 고려한 경우가 그렇지 않은 경우보다 이온 전류 밀도의 차이가 더 뚜렷하게 나타남을 보여준다. 또한 〈그림 6-7〉 (a)에서도 확인할 수 있듯이, 전자 밀도가 최대인 0.15m 영역에서 두 모델 간 전류 밀도 세기에 차이가 있으며, 이온 운동량 방정식을 고려한 모델에서 그 세기가 더 강하게 나타난다. 이러한 관찰 결과는 이온 운동량 방정식이 이온뿐만 아니라 전자 거동에도 영향을 미친다는 것을 확인시켜준다. 본 절에서 다룬 검증 결과들은 제안된 모델이 PIC 모델과 비교해 입자의 운동을 효과적으로 모사할 수 있음을 보여준다. 위 결과들은 다중물리이론에 의한 연속체기반의 수식이 저압조

건에서도 잘 작동하는 것을 보여준다. 이를 활용하여 플라즈마 챔버의 설계 등에 활용할 수 있으며 Sim et al.,(2024)에는 스크린 배플(screen baffle) 설계에 응용이 되는 예시를 자세히 설명하였다.

References

Arslanbekov, R., & Kolobov, V. (2006). Simulation of low pressure plasma processing reactors: Kinetics of electrons and neutrals. In 25th International Symposium on Rarefied Gas Dynamics, St. Petersburg, Book of Abstracts (p. 63).

Bera, K., Rauf, S., Forster, J., & Collins, K. (2021). Self-organized pattern formation in radio frequency capacitively coupled discharges. J. Appl. Phys., 129, 053304.

Bird, R. B. (2002). Transport phenomena. Appl. Mech. Rev., 55, R1–R4.

Boeuf, J. P., & Pitchford, L. C. (1995). Two-dimensional model of a capacitively coupled rf discharge and comparisons with experiments in the Gaseous Electronics Conference reference reactor. Phys. Rev. E, 51(2), 1376.

ESI Group. (2021). CFD-ACE+ User Guide and Database (Version 2021.5) [Dataset].

Grari, M., Guetbach, Y., Said, S., Zoheir, C., & Essalhi, A. (2022). Analysis of 2D simulation of hydrogenated silicon nitride plasma discharge in CCP reactor for thin film solar cell deposition. In International Conference on Electronic Engineering and Renewable Energy Systems (pp. 175–183). Springer.

Hagelaar, G. J. M. (2016). Coulomb collisions in the Boltzmann equation for electrons in low-temperature gas discharge plasmas. Plasma Sources Sci. Technol., 25, 015015.

Hagelaar, G. J. M., & Pitchford, L. C. (2019). BOLSIG+ electron Boltzmann equation solver (Version 12/2019) [Software]. Laboratoire Plasma et Conversion d'Energie (LAPLACE).

Hwang, S. W., Lee, H.-J., & Lee, H. J. (2014). Effect of electron Monte Carlo collisions on a hybrid simulation of a low-pressure capacitively coupled plasma. Plasma Sources Sci. Technol., 23, 065040.

Kim, C. H., Kim, H., Park, G., & Lee, H. J. (2021). The formation mechanism of nonuniformity from 2D nonlocal particle-dynamics in capacitive RF discharges. Plasma Sources Sci. Technol., 30, 065031.

Kim, C. H., Kim, H., Park, G., Shin, J. H., & Lee, H. J. (2022). Two-dimensional analysis for the transition from nonlocal to local electron kinetics and its effect on the spatial uniformity of a capacitively coupled plasma. Plasma Process. Polym., 19, 2100196.

Kim, H., Iza, F., Yang, S., Radmilović-Radjenović, M., & Lee, J. (2005). Particle and fluid simulations of low-temperature plasma discharges: Benchmarks and kinetic effects. J. Phys. D: Appl. Phys., 38, R283.

Kolobov, V. I., Guzman, J. A., & Arslanbekov, R. R. (2022). A self-consistent hybrid model of kinetic striations in low-current argon discharges. Plasma Sources Sci. Technol., 31, 035020.

Kolobov, V. I., Arslanbekov, R. R., Levko, D., & Godyak, V. A. (2020). Plasma stratification in radio-frequency discharges in argon gas. J. Phys. D: Appl. Phys., 53, 25LT01.

Kovetz, A. (2000). Electromagnetic theory. Oxford University Press.

Kuan, Q., Cheng, M., Zhang, F., Xiong, Y., Dawei, G., Yuntian, Y., & Zhenwei, D. (2023). Numerical simulation and performance analysis of the radiofrequency inductive cathode. Plasma Sci. Technol., 25, 025504.

Lee, E. H. (2024). Relativistic constitutive modeling of inelastic deformation of continua moving in space-time. Commun. Nonlinear Sci. Numer. Simul., 131, 107821.

Lieberman, M. A., & Lichtenberg, A. J. (2005). Principles of plasma discharges and materials processing. Wiley.

Linstrom, P. J., & Mallard, W. G. (Eds.). (2024). NIST Chemistry WebBook (NIST Standard Reference Database No. 69) [Dataset]. National Institute of Standards and Technology.

Pawlowski, R. P., Phillips, E. G., Shadid, J. N., Lin, P., Cyr, E. C., Conde, S., Bettencourt, M. T., Phipps, E. T., & Trott, C. R. (2018). Developing a hybrid multi-fluid/PIC plasma capability using components. Sandia National Laboratories (SNL-NM), Albuquerque, NM, United States.

Perini, L. (1972). Curve fits of JANAF thermochemical data [Dataset]. Johns Hopkins University, Applied Physics Laboratory, Silver Spring, MD, USA.

Rauf, S. (2003). Dual radio frequency sources in a magnetized capacitively coupled plasma discharge. IEEE Trans. Plasma Sci., 31(4), 471–478.

Reid, R., Prausnitz, J., & Poling, B. (1987). The properties of gases and liquids. McGraw-Hill.

Ryu, S., Kwon, J.-W., Park, J., Lee, I., Park, S., & Kim, G.-H. (2022). Development of model predictive control of fluorine density in SF6/O2/Ar etch plasma by oxygen flow rate. Curr. Appl. Phys., 36, 183–186.

Shin, J. H., Kim, H., & Lee, H. J. (2022). Two-dimensional particle-in-cell simulation parallelized with graphics processing units for the investigation of plasma kinetics in a dual-frequency capacitively coupled plasma. Rev. Mod. Plasma Phys., 6, 30.

Sim, J.-W., Kim, T.-H., Kang, N., Lee, H. J., & Lee, E.-H. (2024). Effective thermo-electric-mechanical modeling of capacitively coupled plasma in low-pressure conditions: Modeling and application in dry etching. Appl. Math. Model., 127, 32–59.

White, F. M., & Majdalani, J. (2006). Viscous fluid flow. McGraw-Hill.

Yamabe, C., Buckman, S. J., & Phelps, A. V. (1983). Measurement of free-emission from low-energy-electron collisions with Ar. Phys. Rev. A, 27(3), 1345–1352.

Z., Mingliang, Zhang, Y., Fei, G., & Younian, W. (2023). A fast hybrid simulation approach of ion energy and angular distributions in biased inductively coupled Ar plasmas. Plasma Sci. Technol., 25, 075402.

Johnson, R. D., III (Ed.). (2022). NIST computational chemistry comparison and benchmark database (Release 22) [Dataset]. National Institute of Standards and Technology.

7장 헤어핀 모터 제조에서 발생하는 구리의 소성변형과 모터의 전기적 손실의 상호작용

Interaction of plastic deformation and electromagnetism for copper losses caused by hairpin motor manufacturing

7.1 소성변형과 전자기장의 관계를 헤어핀 모터 제조에서 고려의 필요성과 개요

환경규제가 전기차(Electrical Vehicle, EV) 산업의 폭발적인 성장을 이끌면서, 전기 구동 모터(motor) 기술에 대한 전용 연구도 급증하여 기술 발전을 촉진하고 있다(Kai et al., 2021). 이러한 연구의 증가는 EV의 광범위한 보급으로 인해 더욱 효율적이고 강력한 전기 모터에 대한 수요가 증가한 데 따른 것이다. 모터의 효율은 주행 거리 증가와 직결되며, 이는 전기차의 중요한 성능 지표 중 하나이다. 많은 제조업체들이 구동 모터의 효율 향상을 위해 노력해왔으며, 예를 들어 일부 가이드라인에서는 구동 모터의 최대 효율 기준을 95% 이상에서 97%로 상향 조정하기도 했다(Shao et al., 2020). 이러한 고효율 모터에 대한 수요 증가로 인해 관련 연구가 활발히 진행되고 있다. 전기 모터에 대한 연구는 성능, 효율성 및 신뢰성을 향상시키기 위한 혁신적인 소재와 열 관리 기술에 초점을 맞추고 있다. 코일, 코어, 영구자석에 사용되는 첨단 소재는 에너지 손실을 최소화하는 데 중요한 역할을 한다. 경량 알루미늄 헤어핀 권선에서 교류(Alternating Current) 손실을 줄이기 위해 적층 제조 기술이 활용되었다(Notari et al., 2022). 코어 손실을 최소화하기 위해 비정질 자성 금속이 사용되었으며, 연자성 복합재는 성능과 제조 용이성의 균형을 맞추는 데 활용되었다(Sun et al., 2020). 바나듐－코발트－철 합금으로 최적화된 모터 코어는 전력 밀도를 증가시켰지만, 고주파에서는 더 큰 손실이 발생했다(Bhagubai and Fernandes, 2020). 희토류 영구자석을 활용한 고출력 밀도 및 고효율 전기차 모터 설계도 활발히 진행되고 있다(Zheng et al., 2022; Li et al., 2023). 열 관리를 위해 물－에틸렌글라이콜 냉각, 통합 냉각 유로, 히트파이프 등이 적용되어 모터의 온도를 효과적으로 낮추고 전력 밀도를 향상시켰다(Gronwald and Kern, 2021; Zhang et al., 2022).

헤어핀 권선모터(hairpin winding motor) 기술은 주목할 만한 혁신이 이루어진 또 다른 분야이다. 직사각형 단면을 가진 평면 와이어는 구조의 컴팩트함, 우수한 열 성능, 높은 효율성 덕분에 핵심 부품으로 떠올랐다(Zou et al., 2022). 최근 헤어핀 권선모터에 대한 연구는 구리 손실을 줄이기 위한 시도가 중심이었다. 교류손실을 최소화하기 위해 분할형 헤어핀 설계에 대한 해석 모델이 개발되었으며(Preci et al., 2022), 평면 와이어와 리츠 와이어를 결합한 하이브리드 전이형 헤어핀 권선이 이러한 손실을 해결하기 위해 제안되었다(Ju et al., 2023). 또한 평면 와이어를 이용한 분할 권선이 최적화되었다(Pastura et al., 2024). 구리와 알루미늄 권선을 비교한 연구에서는 구리 손실이 주파수에 따라 달라진다는 점을 강조하며, 소재 선택의 중요성을 부각시켰다(Selema et al., 2022). 이러한 문제들은 모터 설계 과정에서 반드시 고려되어야 한다. 헤어핀 모터는 기존 모터와 달리, 동일한 설계를 적용하더라도 제조 공정에서 발생하는 소재 특성 변화로 인해 구리 손실에 민감한 특성이 있다. 헤어핀 모터는 최근에서야

EV에 상용화되었기 때문에, 이와 관련된 제조 기술에 대한 보고서나 논의가 아직 많지 않다. 따라서 최종 설계 단계에서 발생할 수 있는 구리 손실을 분석하는 연구가 필요하다.

〈그림 7-1〉 (a)는 헤어핀 모터의 제조 공정을 보여준다. 헤어핀 모터의 코일은 직사각형 단면을 가지며, 이를 헤어핀 형태로 굽은 후 고정자(stator)에 삽입한다. 이 과정에는 와이어의 직선화, 피복 제거, 절단, 굽힘, 조립 단계가 포함된다. 이러한 제조 공정은 원형 단면의 코일을 사용하는 기존 모터의 제조 방식과는 다르다. 〈그림 7-1〉 (b)에 나타난 바와 같이, 와이어 직선화 공정은 원통형 보빈에 감긴 코일의 곡률을 제거하고 이를 평탄하게 만든다. 원형 와이어를 사용하는 기존 모터의 제조에서는 이 공정이 필요하지 않다. 굽힘 공정은 굽힌 부위에 국지적인 소성변형만 일으키는 반면, 직선화 공정은 코일 전체에 걸쳐 소성변형을 유발하여 평탄하게 만든다. 〈그림 7-1〉 (b)는 이러한 직선화 공정의 세부 내용을 보여주며, 다수의 롤러 세트를 통해 반복적인 굽힘 및 펴기 과정을 통해 코일의 곡률을 제거하고 평탄하게 만든다. 이 과정에서 발생하는 소성변형은 코일의 비저항(resistivity)을 증가시키며, 이는 곧 구리 손실의 증가로 이어진다. 이러한 구리 와이어의 소성변형으로 인한 비저항 증가에 대해서는 여러 선행 연구가 수행되었다. Kapička and Polák, (1972)에서는 소성변형을 반영한 구리 와이어의 비저항 모델이 제안되었으며, 다양한 변형 범위에서 반복 주기 수에 따라 실온에서의 비저항 증가가 관찰되었다. 또한, 구리 와이어의 비저항과 반복 소성변형 사이의 관계에 대해서도 연구가 이루어졌다(Polák, 1969; 1973). 이들 연구는 다결정 구리 와이어의 비저항 증가가 소성변형에 의해 영향을 받는다는 사실을 명확히 보여준다. 그러나 헤어핀 모터 제조 과정에서 직선화 공정으로 인한 비저항 증가를 정량적으로 예측하기 위해서는, 공정 변수에 따라 바우싱어 효과(Bauschinger effect)의 영향을 받는 반복 소성변형 하에서의 소성변형률을 함수로 갖는 통합 모델이 필요하다.

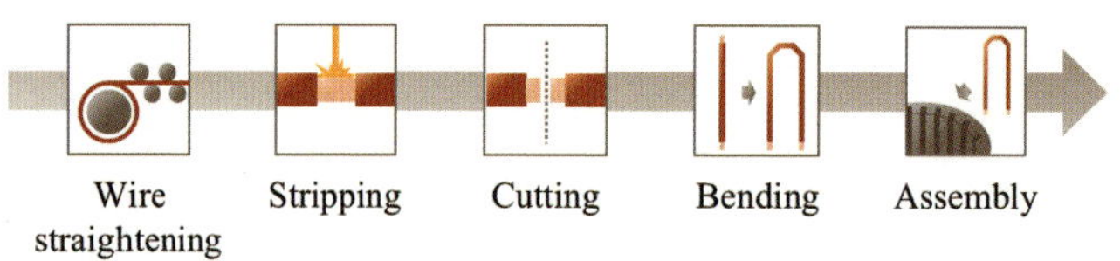

(a) process sequence

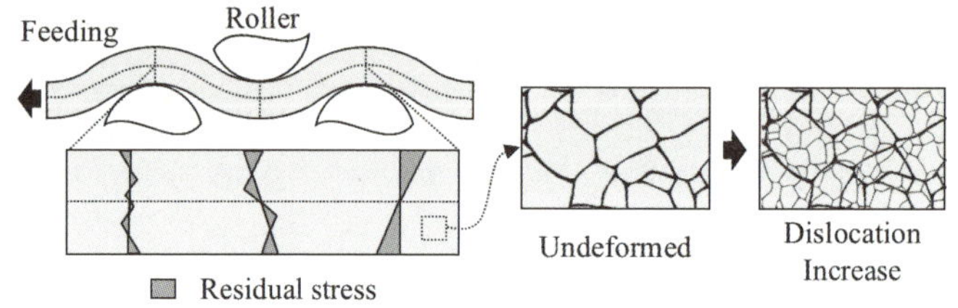

(b) wire straightening process

〈그림 7-1〉 Manufacturing process of a hairpin coil;

본 책에서는 반복 소성변형 하에서의 변형과 전자기 현상 간의 상호작용을 통합적으로 고려한 모델을 제안하기 위하여, 수식을 어떻게 적용하는지 논의하고, 이러한 수식을 헤어핀 모터의 제조 공정 설계에 적용하는 방법 역시 논의한다. 모델의 기본 구조는 3-4장에서 제안된 구조를 사용하지만 이들의 구체적인 현상을 반영하여 모델을 구체화한다. 특히 제안된 모델은 코일의 소성변형을 최소화하면서도 충분한 평탄화를 달성할 수 있는 직선화 공정을 설계하는 것을 보여준다. 이는 헤어핀 코일의 변형으로 인해 증가하는 전기 저항을 최소화하면서 전체적인 소성변형을 줄이는 것을 궁극적인 목적으로 한다. 유한요소법(FEM)을 통해 모델을 구현한 후, 코일의 소성변형에 따른 비저항 증가를 정량적으로 검증하기 위해 모델과 실험을 소개한다.

7.2 모델 구체화(modeling specification)

7.2.1 평형 지배 방정식(Governing balance equations)

본 장에서는 소성변형과 전자기 상호작용 간의 모델링을 제안하고 이를 소개한다. 모델에 사용된 변수들과 그 물리적 의미는 보조 자료의 표에 요약되어 있다. 교정(straightening) 공정에서는 질량 생성, 온도 변화, 중력을 고려하지 않으며, 이에 따라 수식 (3.13a–3.13d)에 기반한 전기−기계 평형 법칙을 다음과 같이 정리된다.

$$\rho\dot{\mathbf{v}} = \nabla \cdot \mathbf{T}_{\mathrm{EM}} + \nabla \cdot \mathbf{T}, \tag{7.1a}$$

$$\mathbf{T} - \mathbf{T}^{\mathrm{T}} = \mathbf{T}_{\mathrm{EM}}{}^{\mathrm{T}} - \mathbf{T}_{\mathrm{EM}}, \tag{7.1b}$$

$$\frac{\partial \rho}{\partial t} + \nabla \cdot (\rho\mathbf{v}) = 0, \tag{7.1c}$$

$$\rho\dot{\epsilon} = (\mathbf{T} + \mathbf{T}_{\mathrm{EM}}) \cdot \nabla\mathbf{v} - \nabla \cdot (\mathbf{e} \times \mathbf{h}) - \tag{7.1d}$$

$$\left[\varepsilon_0 \mathbf{e} \cdot \dot{\mathbf{e}} + \mu_0 \mathbf{h} \cdot \dot{\mathbf{h}} + \frac{1}{2}(\varepsilon_0 \mathbf{e} \cdot \mathbf{e} + \mu_0 \mathbf{h} \cdot \mathbf{h})\nabla\mathbf{v} \right].$$

식 (7.1a) − (7.1d)는 각각 선형운동량(linear momentum), 각운동량(angular momentum), 질량(mass), 그리고 내부에너지(internal energy balance)에 관한 평형식을 나

타낸다. t는 시간(time)을 나타내며, "·"는 물질미분(material time derivative)을 의미한다. ρ는 현재의 재료 밀도(current mass density)를 나타내고, $\mathbf{v}$는 속도벡터(velocity vector)이다. $\mathbf{T}$와 $\mathbf{T}_{EM}$은 각각 코시응력(Cauchy stress)과 맥스웰 응력텐서(Maxwell stress tensor)를 나타낸다. ϵ는 단위질량당 내부에너지(specific internal energy)이다. $\mathbf{e}$와 $\mathbf{h}$는 각각 전기장과 가기장의 세기(electric and magnetic field intensity)이다. ε_0와 μ_0 각각 진공에서의 유전율(ermittivity)과 투자율(ermeability)이며, 관계식 $\mu_0\varepsilon_0=c^{-2}$가 성립한다. c는 진공에서의 빛의 속력(speed of light). $(\mathbf{e}\times\mathbf{h})$는 포인팅 벡터(Poynting vector)에 의해 발생하는 에너지 흐름을 나타낸다. 각 항(term)의 자세한 설명과 구체적인 정의는 3장에 기술되어 있다. 모터코일의 소성변형에 의한 전기적 손실을 해석하고 평탄화 공정을 설계하는 데 위의 평형방정식을 사용한다.

7.2.2 소성변형에 대한 구성방정식

3–4장에 논의가 된 대로 $\mathbf{D}_{in}$은 부피성분(volumetric part)인 $\mathbf{D}_{in}^{hydro}$와 편차성분(deviatoric part)인 $\mathbf{D}_{in}''$로 구성된다. $\mathbf{D}_{in}^{hydro}$는 질량 생성이 필요하므로(Oller et al., 2010; Lee and Baek, 2021), 식 (7.1c)에 따라 Cu wire의 신장(straightening) 과정은 $\mathbf{D}_{in}''$에 의해 지배된다. 이 경우, 수식 (3.60)에 의해 소산부등식(dissipation inequality)은 다음과 같이 단순화된다.

$$\xi = \mathbf{T}'' \cdot \mathbf{D}_{in}'' + \mathbf{j} \cdot \mathbf{e} \geq 0. \tag{7.2}$$

ξ는 에너지 소산율을 의미한다. 4장의 소산 포텐셜 함수(dissipation potential function)를 활용하면 다음의 수식을 활용할 수 있다.

$$\varphi_{in}\Gamma_{in} = \mathbf{T}'' \cdot \mathbf{D}''_{in}, \text{ and } \varphi_{el}\Gamma_{el} = \mathbf{j} \cdot \mathbf{e}. \tag{7.3}$$

φ_{in}과 φ_{el}은 각각 비탄성 변형의 소산함수(inelastic dissipation potential function)와 전기적 소산 함수(electrical dissipation potential function)를 나타낸다. Γ_{in}과 Γ_{el}은 소산율(dissipation rate)를 제어하기 위한 스칼라함수(scalar function)의 비탄성변형 성분(inelastic part)과 전기적 성분(electrical part)이다. φ_{in}을 $\mathbf{T}''$의 함수로 정의하는 것이 효과적이며, 즉 $\varphi_{in}=\varphi_{in}(\mathbf{T}'')$로 둘 수 있다. 그러면 $\mathbf{D}''_{in}$는 다음과 같이 유도된다.

$$\mathbf{D}''_{in} = \frac{\partial \varphi_{in}}{\partial \mathbf{T}''}\Gamma_{in}. \tag{7.4}$$

J_2 유동법칙(flow rule)을 활용하면 아래의 관계식을 정립할 수 있다.

$$\varphi_{in} = \sqrt{3J_2}, \text{ and } J_2 = \frac{1}{2}(\mathbf{T}'' \cdot \mathbf{T}'') \tag{7.5}$$

항복함수(yield function)은 아래와 같이 정의하여 사용할 수 있다.

$$f = \sqrt{\frac{3}{2}(\mathbf{T}'' - \boldsymbol{\alpha}) \cdot (\mathbf{T}'' - \boldsymbol{\alpha})} - \bar{\sigma}_y. \tag{7.6}$$

f는 항복함수(yield function), $\bar{\sigma}_y$는 유동응력(flow stress)을 의미한다. 그리고 유동응력인 $\bar{\sigma}_y$는 아래와 같이 정의한다.

$$\bar{\sigma}_y = \sigma_0 + \sigma_\infty[1 - \exp(-b\kappa)], \tag{7.7a}$$

$$\dot{\kappa} = \sqrt{\frac{2}{3}\left(\frac{\partial \varphi_{in}}{\partial \mathbf{T}''} \cdot \frac{\partial \varphi_{in}}{\partial \mathbf{T}''}\right)} \, \Gamma_{in}. \tag{7.7b}$$

k는 경화변수(hardening variable)이고 유효소성변형률(equivalent plastic strain)과 같다고 정의할 수 있다. (σ_0, σ_∞, 그리고 b)는 재료상수(material parameters). $\boldsymbol{\alpha}$는 운동경화법칙(kinematic hardening law)의 백응력텐서(back stress tensor)이다. 평탄화(straightening) 공정에서 재료는 반복 하중 조건을 겪기 때문에, 본 모델에서는 운동 경화법칙(kinematic hardening law)을 적용하였다. Γ_{in}의 값을 구하기 위해서는 식 (7.7)에서 항복 일관 조건(yield consistency condition)을 다음과 같이 고려해야 한다.

$$\dot{f} = \frac{\partial f}{\partial \mathbf{T}''}\dot{\mathbf{T}}'' + \frac{\partial f}{\partial \boldsymbol{\alpha}}\dot{\boldsymbol{\alpha}} - \vec{\sigma}_y = 0. \tag{7.8}$$

$\dot{\boldsymbol{\alpha}}$는 샤보세운동경화보델(Chaboche kinematic hardening model)을 통해서 아래와 같이 정의할 수 있다(Chaboche, 1986; 1989).

$$\dot{\boldsymbol{\alpha}} = \sum_{i=1}^{3} \dot{\boldsymbol{\alpha}}_i, \ \text{where} \tag{7.9a}$$

$$\dot{\boldsymbol{\alpha}}_i = \frac{2}{3}C_i\mathbf{D}''_{in} - \sum \gamma_i \boldsymbol{\alpha}_i \dot{\kappa}. \tag{7.9b}$$

$\boldsymbol{\alpha}_i$는 i 번째 하부 백 응력 텐서(i th sub-back stress tensor)이고, 모델 파라미터인 C_i와 γ_i로 정의할 수 있다. 이 모델은 등방성 경화 기반 모델보다 계산적으로 더 복잡하지만, 신장 공정 중 인장과 압축 하중이 반복될 때 발생하는 바우

싱거 효과(Bauschinger effect)를 반영할 수 있다.

7.2.3 전류에 대한 구성방정식(Constitutive Equation of Electrical Current)

수식 (4.21)에 의해여 Electrical dissipation φ_e는 $\mathbf{e}$의 함수로 사용할 수 있다; $\varphi_e(\mathbf{e})=\sqrt{\mathbf{e} \cdot \mathbf{e}}$. $\mathbf{j}$는 아래와 같이 정의할 수 있다.

$$\mathbf{j} = \frac{\partial \varphi_e}{\partial \mathbf{e}} \varGamma_e = C_e \mathbf{e}, \text{ and } \varGamma_e = C_e |\mathbf{e}|. \tag{7.10}$$

C_e는 전기전도도(electrical conductivity)를 의미한다. 전기전도도의 역수는 저항률(resistivity)이므로 $(\frac{1}{C_e}=r)$, 전기장밀도(electric field density)와 전류밀도(current density) 사이의 관계식 $(\mathbf{e}=r\mathbf{j})$를 이용하면, 옴가열(ohmic heating)을 다음과 같이 다른 형태로 표현할 수 있다.

$$\mathbf{j} \cdot \mathbf{e} = C_e \mathbf{e} \cdot \mathbf{e} = r\mathbf{j} \cdot \mathbf{j}, \tag{7.11}$$

r은 비탄성변형(inelastic deformation)의 영향을 받으며, 소성변형(plastic deformation)과 전기적 물성(electrical property) 간의 관계를 고려하기 위해 k의 함수로 정의된다. Kapička and Polák(1972)이 제시한 소성변형−저항률(plastic strain-resistivity) 모델에서 영감을 받아, 본 연구에서는 다음과 같은 형태를 사용하였다.

$$r = r_1 \kappa^{r_2} + r_0. \tag{7.12}$$

$(r_0, r_1, \text{and } r_2)$는 저항률의 상수 계수들이며, r과 k 사이의 관계는 실험을

통해 구체화할 수 있다. 본 절에서 제안된 모델은 유한요소법(finite element method, FEM)에 구현되었다.

7.3 실험적 검증(Experimental Validation)

7.3.1 PAI의 기계적 물성(Mechanical Properties of PAI)

7.2장에서 제시한 모델을 검증하기 위해 실험을 수행하였다. 본 연구에서 분석한 평형선(flat wire)은 도체로서 구리(Cu), 절연체로서 폴리아마이드이미드(PAI)로 구성되어 있다. 구리와 PAI는 재료 특성이 다르기 때문에 각각의 독립적인 재료 시험이 필요하였다. 본 절에서는 PAI의 기계적 물성 측정 및 모델링과, 구리의 기계적–전기적 물성 측정 및 모델링에 대해 기술한다. PAI의 기계적 물성을 측정하기 위해 단축 인장 시험(Uniaxial tension test)을 수행하였다. 시험에는 평형 구리선의 절연에 사용된 PAI 코팅을 제거한 후, 이를 필름 형태의 시편으로 제작하여 사용하였다. 인장 시험은 ASTM–D882 규격을 따랐으며, PAI 필름의 단축 인장 시험을 위한 실험 장치는 〈그림 7–2〉에 제시되어 있다. 인장 시험의 strain rate는 준정적(quasi-static) 조건인 $0.0001 \ s^{-1}$로 설정하였다.

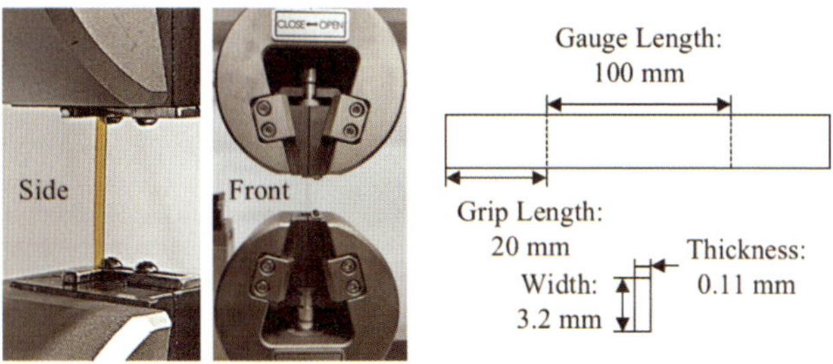

(a) PAI tensile loading test

(b) dimensions of the PAI
specimen for the tensile test

〈그림 7-2〉 Experimental setup

영률(Young's modulus)은 응력−변형률 곡선에서 초기점과 항복점 사이의 구간을 이용한 시컨트 모듈러스(secant modulus) 방법으로 결정하였다. 모델 적합을 위해 사용된 PAI의 시컨트 모듈러스 값은 2000MPa로 확인되었다(Huerta et al., 2010). PAI 필름의 비탄성 거동을 예측하기 위해 단순 등방 경화(isotropic hardening) 모델을 다음과 같이 적용하였다.

$$\bar{\sigma} = (A + B\kappa^{n}).\tag{7.13}$$

$\bar{\sigma}$는 PAI 필름의 등방 경화 모델에서의 유동 응력을 나타내며, $(A, B, \text{and } n)$는 해당 모델의 재료 파라미터이다. PAI의 기계적 물성과 경화 모델의 파라미터는 〈표 7−1〉에 정리되어 있다.

Quantity	Value
Elastic modulus [MPa]	2000
Density [g/cm³]	1.4
Poisson's ratio	0.34
A [MPa]	56.56
B [MPa]	165.77
n [-]	0.498

7.3.2 구리의 기계적 물성(Mechanical Properties of Copper)

구리선의 인장 시험은 평형선(flat wire)에 적합한 조건으로 Shim et al., (2023; 2024)에 따라 수행되었다. 크로스헤드 변위(crosshead displacement)를 기준 게이지 길이로 나눈 값과 비교되었다. 평형선은 평탄화(straightening) 공정 중 반복적인 사이클 하중을 받는다. 이 공정은 소성변형 범위 내에서의 반복적인 인장-압축 변형을 포함한다. 구리에 대한 수식 (7.9)의 모델 파라미터를 얻기 위해 단축 반복 하중 시험을 수행하였으며, 구리의 순수한 재료 특성을 관찰하기 위해 실험은 PAI 필름을 제거한 후 수행되었다. 반복 하중 및 단일 하중 시험에서 얻은 응력-변형률 곡선은 압입 시험으로 측정된 탄성 계수와 초기 기울기가 일치하도록 리스케일링(rescaling)되었다. Chaboche 운동 경화 모델의 시험 데이터와 적합 결과는 〈그림 7-3〉에 제시되어 있다. 〈그림 7-3〉 (a)는 반복 하중 시험 결과를, 〈그림 7-3〉 (b)는 단일 인장 하중 시험 결과를 보여준다. 모델은 반복 하중과 단일 하중 조건 모두에서 실험 결과를 정확하게 재현하였으며, 이는 각각 〈그림 7-3〉 (a)와 (b)에서 확인할 수 있다. 적합된 모델의 파라미터는 〈표 7-2〉에 정리되어 있다.

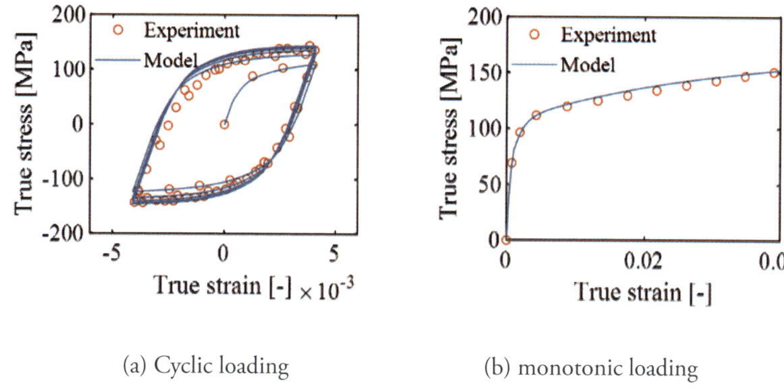

(a) Cyclic loading   (b) monotonic loading

〈그림 7-3〉 Stress-strain curves of model and experimental data of copper under.

[표 7-2] 구리의 기계적 물성

Quantity	Value
Elastic modulus [MPa]	116,600
Poisson's ratio	0.34
Density [g/cm³]	8.96
σ_0 [MPa]	40
σ_∞ [MPa]	40
b	50
C_1 [MPa]	155,000
C_2 [MPa]	27,000
C_3 [MPa]	300
γ_1	5,000
γ_2	750
γ_3	1

7.3.3 소성변형과 전기적 물성(Relation of Plastic deformation and Electrical Property)

모델의 유효성을 검증하기 위해, 등가 소성변형률(equivalent plastic strain)에 따른 저항률(resistivity) 데이터를 측정하고 기계적 특성과 전기적 특성을 연계하기 위한 다양한 수준의 등가 소성변형률을 가진 시편들을 준비하였다. 제안된 모델의 타당성을 검증하기 위해, 단면 크기가 서로 다른 세 가지 종류의 에나멜 코팅 구리선(type 1-3, 〈그림 7-4〉 참조)을 선택하였다. 세 종류의 에나멜 구리선은 동일한 재료를 사용하고 있으며 단지 치수만 다르기 때문에, 단면적의 영향을 받지 않는 응력-변형률 데이터와 저항률 결과를 통해 본 모델의 일반적 적용 가능성을 확인할 수 있다. 각 와이어는 약 0%, 5%, 10%, 15%, 20% 수준의 등가 소성변형률을 얻기 위해 절단 후 신장되었으며, 이 과정은 〈그림 7-4〉 (a)에 나타나 있다. 저항 측정을 위한 실험 구성도 〈그림 7-4〉 (b)에 제시되어 있다. 각 시편의 저항 측정은 실온(25℃)에서 10회 반복하여 수행되었다. 이후, 각각의 단면적과 길이를 고려하여 저항값으로부터 저항률을 계산하였으며, 이는 형상이나 치수에 관계없이 소성변형의 영향을 분석하기 위함이다. 〈그림 7-5〉는 식 (7.21)에서 제시된 등가 소성변형률 – 저항률 모델에 대한 실험 데이터와 모델 적합 결과를 보여준다. 또한 〈그림 7-5〉에는 본 연구에서 얻은 실험 데이터뿐만 아니라, 선행 연구 (Kapička and Polák, 1972)에서 측정된 참고 데이터도 함께 제시되어 있다. 세 종류의 와이어와 참고 데이터 모두에서 소성변형률 증가에 따른 저항률 증가 경향이 유사하게 나타났으며, 이를 통해 모델의 타당성이 확인되었다. 구리 저항률 모델의 파라미터는 〈표 7-3〉에 정리되어 있다. 초기 저항률은 본 연구의 중심이 된 type 1 구리선의 값을 사용하였다.

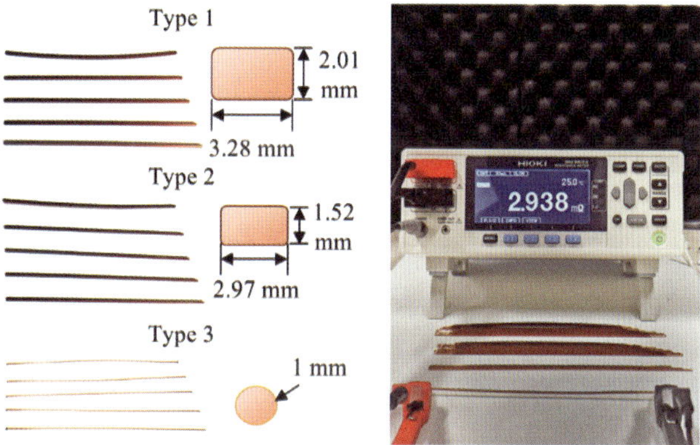

(a) Specimens with different
equivalent plastic strain

(b) experimental setup for
resistance measurement

〈그림 7-4〉 Resistivity measurement along equivalent plastic strain.

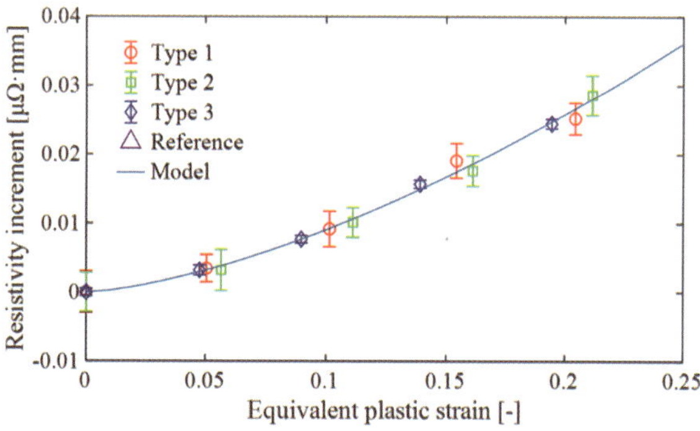

〈그림 7-5〉 Equivalent plastic strain-resistivity increment curve of the proposed model and experimental data of copper. The reference data set is from(Kapička and Polák, 1972).

[표 7-3] 구리의 소성변형과 전기저항 관계의 파라미터

Quantity	Value
$r_1 \, [\Omega \cdot m]$	2.894×10^{-9}
$r2$	1.5
$r_0 \, [\Omega \cdot m]$	1.775×10^{-8}

7.4 평탄화 실제 공정으로의 적용
(Application to real manufacturing process)

본 절에서는 제안된 방법을 실제 헤어핀 모터 제조 공정에 적용한 사례를 설명한다. 해당 사례는 상업용 제조 공정이기 때문에, 구체적인 세부 사항은 본 책에 포함되지 않았다. 본 절에서 구현된 실제 헤어핀 모터 제조 라인에서의 평탄화 공정 개략도는 〈그림 7-6〉에 제시되어 있다. 본 절의 공정 파라미터는 상업용 제조 라인의 실제 공정 조건을 기반으로 구현되었다. 보안상의 이유로 각 최적화 조건 및 제조 장비에 대한 구체적인 수치는 공개하지 않는다.

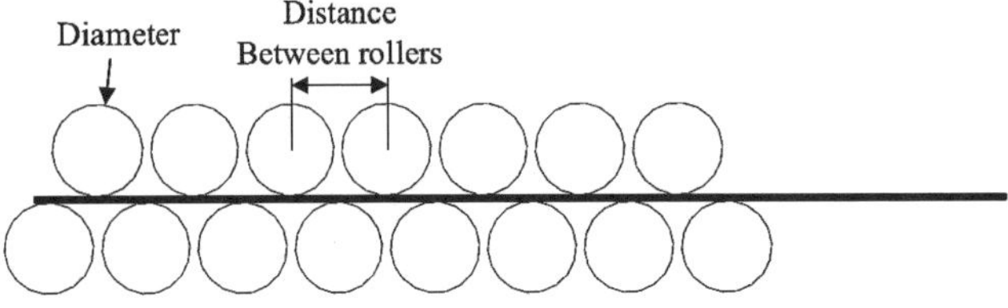

〈그림 7-6〉 Schematic of straightening process of the real hairpin motor manufacturing line.

<그림 7-7>에서 보이듯이, 평탄화 공정 전후의 시편을 준비하여 해당 공정으로 인한 저항 증가 여부를 검증하였다. 저항 측정은 각각 10회 반복 수행하였으며, 평균값을 계산하였다. 두 시편의 측정된 평균 저항값은 각각 0.510mΩ 및 0.522mΩ으로 나타났다. 헤어핀 코일의 저항은 약 2.3% 증가하였으며, 이는 실제 평탄화 공정 중 발생한 소성변형에 의해 전기 저항이 증가했음을 나타낸다.

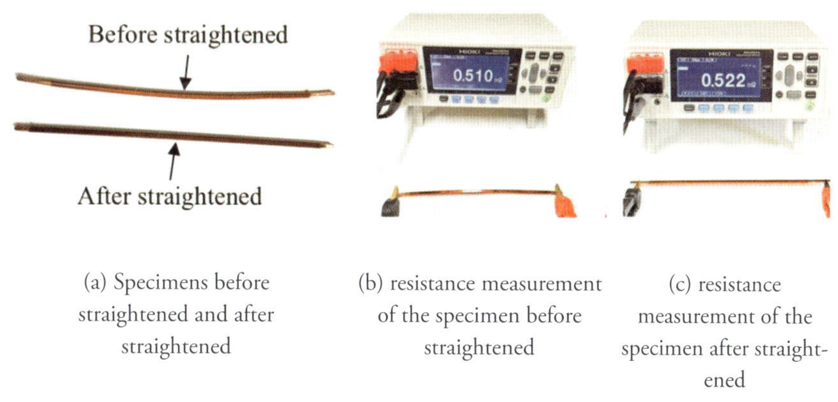

(a) Specimens before straightened and after straightened

(b) resistance measurement of the specimen before straightened

(c) resistance measurement of the specimen after straightened

<그림 7-7> Experimental verification of electrical response.

References

W. Cai, X. Wu, M. Zhou, Y. Liang, and Y. Wang, "Review and development of electric motor systems and electric powertrains for new energy vehicles," Automotive Innovation, vol. 4, no. 1, pp. 3–22, 2021.

L. Shao, A. E. H. Karci, D. Tavernini, A. Sorniotti, and M. Cheng, "Design approaches and control strategies for energy-efficient electric machines for electric vehicles—A review," IEEE Access, vol. 8, pp. 116900–116913, 2020.

R. Notari et al., "AC losses reduction in hairpin windings produced via additive manufacturing," in Proc. Int. Conf. Electr. Mach. (ICEM), pp. 1144–1149, 2022.

S. Sun, F. Jiang, T. Li, B. Xu, and K. Yang, "Comparison of a multi-stage axial flux permanent magnet machine with different stator core materials," IEEE Trans. Appl. Supercond., vol. 30, no. 4, Jun. 2020.

P. P. C. Bhagubai and J. F. P. Fernandes, "Multi-objective optimization of electrical machine magnetic core using a vanadium-cobalt-iron alloy," IEEE Trans. Magn., vol. 56, no. 2, Feb. 2020.

S. Zheng, X. Zhu, Z. Xiang, L. Xu, L. Zhang, and C. H. T. Lee, "Technology trends, challenges, and opportunities of reduced-rare-earth PM motor for modern electric vehicles," Green Energy and Intelligent Transportation, vol. 1, no. 1, p. 100012, Jun. 2022.

Y. Li, Q. Zhou, S. Ding, W. Li, and J. Hang, "Design and evaluation of reduced-rare-earth interior consequent-pole permanent magnet machines for automotive applications," IEEE Trans. Ind. Appl., vol. 59, no. 2, pp. 1372–1382, Mar. 2023.

P.-O. Gronwald and T. A. Kern, "Traction motor cooling systems: A literature review and comparative study," IEEE Trans. Transp. Electrific., vol. 7, no. 4, pp. 2892–2913, Dec. 2021.

C. Zhang, X. Zhang, F. Zhao, D. Gerada, and L. Li, "Improvements on permanent magnet synchronous motor by integrating heat pipes into windings for solar unmanned aerial vehicle," Green Energy and Intelligent Transportation, vol. 1, no. 1, p. 100011, Jun. 2022.

T. Zou et al., "A comprehensive design guideline of hairpin windings for high power density electric vehicle traction motors," IEEE Trans. Transp. Electrific., vol. 8, no. 3, pp. 3578–3593, 2022.

E. Preci et al., "Segmented hairpin topology for reduced losses at high-frequency operations," IEEE Trans. Transp. Electrific., vol. 8, no. 1, pp. 688–698, 2022.

X. Ju, Y. Cheng, B. Du, M. Yang, D. Yang, and S. Cui, "AC loss analysis and measurement of a hybrid transposed hairpin winding for EV traction machines," IEEE Trans. Ind. Appl., vol. 70, no. 4, pp. 3525–3536, 2023.

M. Pastura, R. Notari, S. Nuzzo, D. Barater, and G. Franceschini, "AC losses analysis and design guidelines for hairpin windings with segmented conductors," IEEE Trans. Transp. Electrific., vol. 10, no. 1, pp. 33–41, 2024.

A. Selema, M. N. Ibrahim, and P. Sergeant, "Mitigation of high-frequency eddy current losses in hairpin winding machines," Machines, vol. 10, no. 5, 2022.

A. Kapička and J. Polák, "Change of electrical resistivity of polycrystalline copper during tensile deformation," Czechoslovak Journal of Physics B, vol. 22, no. 6, pp. 476–484, 1972.

J. Polák, "Electrical resistivity of cyclically deformed copper," Czechoslovak Journal of Physics B, vol. 19, no. 3, pp. 315–322, 1969.

J. Polák, "The effect of the strain amplitude changes on the stress amplitude and resistivity of torsionally fatigued copper," Czechoslovak Journal of Physics, vol. 23, no. 3, pp. 322–330, 1973.

J. L. Chaboche, "Time-independent constitutive theories for cyclic plasticity," Int. J. Plast., vol. 2, no. 2, pp. 149–188, 1986.

J. L. Chaboche, "Constitutive equations for cyclic plasticity and cyclic viscoplasticity," Int. J. Plast., vol. 5, no. 3, pp. 247–302, 1989.

8장 리튬-이온 배터리의 에너지 소산에 관한 분석
Energy dissipation analysis for Lithium-ion batteries

8.1 리튬-이온 배터리의 에너지 소산 고려의 필요성과 개요

최근의 공학적 응용 분야에서는 상호 연관된 전자기, 열, 기계, 화학 현상을 통합적으로 다루는 접근법이 점점 더 요구되고 있다(Guo et al., 2013; Giordano, 2022; Sim et al., 2024; Wu et al., 2014; Lodi et al., 2021). 많은 공학적 응용에서 비가역적 현상이 포함되기 때문에 다중 물리 비가역성(multi-physical irreversibility) 모델링의 중요성이 커지고 있다. 그러나 이러한 현상들은 종종 개별 현상들을 별도로 모델링하는 방식으로 다루어지는 경우가 많다. 비탄성변형(Inelastic deformation)은 여러 연구에서 활발히 조사되어 왔다. 변형은 가역적인 탄성변형(elastic deformation)과 비가역적인 비탄성변형으로 구분할 수 있다. 비탄성변형은 크게 편차성 변형(deviatoric deformation)과 체적성 변형(volumetric deformation)으로 분류된다. 편차성 비탄성 변형(deviatoric inelastic deformation)과 관련하여, 항복 조건(yield consistency)(Hill, 1948; Barlat et al., 2003), 경화(hardening)(Chaboche, 1986; Lee et al., 2018), 그리고 소성변형률 속도(rate of plastic deformation)(Stoughton 2004; 2016)를 고려한 소성 모델들이 폭넓게 연구되어 왔다. 에너지 관점에서 통합적 요소를 고려하는 일반화된 모델은 재료 표면에서의 화학 퍼텐셜 구배(gradient of chemical potential field)를 포함하여 자유 에너지(free energy)의 변화를 설명한다(Bergamaschini, 2016). 화학 포텐셜의 고려는 다공체의 크리프 거동(creep behavior) 및 배터리 응용 분야를 이해하는 데 필수적이다(Lehner, 1995; Pang et al., 2021; Visser et al., 2012). 본 책의 목적은 전자기–화학장(electromagnetic-chemical fields)에 의해 야기된 비가역 현상을 포함하는 에너지(energy) 및 물질 플럭스(matter flux)에 노출된 실리콘 소재에 대해 일반화된 열역학적 모델링 프레임워크를 제시하는 것이다. 이를 위해 국소화된 선형 운동량, 각운동량, 질량, 에너지 균형 법칙(balance laws)을 전역 에너지 균형(global energy balance)에서 유도하였다. 전자기–화학적 비가역 현상과 연계된 소산 함수(dissipation function)를 제안하여 체적 및 편향성 비탄성 변형 모두를 설명할 수 있도록 하였다. 리튬이온 배터리(Lithium-ion batteries, LIBs)는 개인용 전자기기부터 전기차, 재생 에너지 저장에 이르기까지 다양한 분야에서 중요한 역할을 한다. LIB는 음극과 양극 사이에서 리튬이온이 이동하는 복잡한 전기화학적 과정이 포함되며, 이로 인해 전극 재료의 체적 변화와 이에 따른 기계적 응력이 발생한다. 시간이 지남에 따라 이러한 응력은 재료 열화를 초래하여 배터리의 안전성과 수명에 영향을 미친다. 성능, 안전, 온도 변화, 충·방전 속도, 충전 상태(State of Charge, SOC) 간의 상호 의존성은 복잡한 열–전기화학–기계 시스템을 형성하며, 이를 포괄적이고 통합적으로 모델링하는 접근법이 필요하다.

8.2 모델링(Modeling)

리튬이온 배터리가 등온에서 작동하며 화학적 유속(chemical flux)의 영향을 중요 평형(balance) 상황으로 보면 아래와 같은 수식 (3.13)의 평형방정식(balance equation)은 아래와 같이 단순화 될 수 있다.

$$\rho\dot{\mathbf{v}} = \nabla \cdot \mathbf{T}, \tag{8.1a}$$

$$\mathbf{T} = \mathbf{T}^{\mathrm{T}}, \tag{8.1b}$$

$$\frac{\partial \rho}{\partial t} + \nabla \cdot (\rho\mathbf{v}) = 0, \tag{8.1c}$$

$$\rho\dot{\epsilon} = \mathbf{T} \cdot \nabla\mathbf{v} + \rho h_t - \mu_c \nabla \cdot \mathbf{I}_c. \tag{8.1d}$$

질량평형(Mass balance)인 수식 (8.1c)을 이온(ion)의 질량보존(mass balance)에 도입하면, 수식 (8.1c)를 아래와 같이 재정의를 할 수 있다. 위의 식들의 각 항(term)들의 물리적 의미는 수식 (3.13)과 같이 설명이 되어 있다.

$$\rho\frac{\partial I_c}{\partial t} + \nabla \cdot (\mathbf{I}_c) = 0, \tag{8.2}$$

I_c는 화학 종의 몰농도(molar concentration of chemical species)이고, $\mathbf{I}_c$는 화학적 유속이다.

비가역적 현상을 고려하기 위하여 소산 부등식(dissipation inequality)를 고려하기 위하여 수식 (3.60)의 수식을 고려해야 하며 등온조건에 의해 열 유속(thermal flux)은 고려하지 않으면 아래의 소산 부등식을 정의할 수 있다.

$$\mathbf{T}^{hydro} \cdot \mathbf{D}_{in}^{hydro} + \mathbf{T}'' \cdot \mathbf{D}_{in}'' + \mathbf{j} \cdot \mathbf{e} + m_c \nabla(\mu_c) \cdot \nabla(\mu_c) \geq 0. \tag{8.3}$$

각 항들의 구성방정식을 고려하면, $\mathbf{D}_{in}^{hydro}$는 화학적집중(chemical concentra-tion)의 구배(gradient)에 지배적 이기 때문에 수식 (4.8)은 아래와 같이 활용될 수 있다.

$$\mathbf{D}_{in}^{hydro} = m_c \sum_{i=1}^{3} \left[\nabla \left(\nabla \left(\rho \frac{\partial \psi}{\partial I_c} \right) \right) \cdot (\bar{\mathbf{e}}_i \otimes \bar{\mathbf{e}}_i) \right] \bar{\mathbf{e}}_i \otimes \bar{\mathbf{e}}_i. \tag{8.4}$$

m_c는 재료상수(material constant)이며, ψ는 자유에너지밀도(free energy density) 함수이다.

$\mathbf{D}_{in}''$을 정의하기 위하여 수식 (4.11)을 활용하여, 방향 $\bar{\mathbf{D}}_{in}''$는 아래와 같이 구체화할 수 있다.

$$\mathbf{D}_{in}'' = \Gamma_d \bar{\mathbf{D}}_{in}'', \text{ where} \tag{8.5a}$$

$$\bar{\mathbf{D}}_{in}'' = \frac{\partial \varphi_d}{\partial \mathbf{T}''}, \text{ and } \varphi_d = \sqrt{\frac{3}{2} \mathbf{T}'' \cdot \mathbf{T}''}. \tag{8.5b}$$

또한 크기 Γ_d는 다음과 같이 정의한다.

$$\Gamma_d = \dot{\varepsilon}_0 \left\langle \frac{\varphi_d - \sigma_Y}{\sigma_{sat}} \right\rangle^m, \text{ where} \qquad (8.6a)$$

$$\sigma_Y = \sigma_{sat} + (\sigma_0 - \sigma_{sat})\exp\left(-\frac{I_c}{\beta}\right). \qquad (8.6b)$$

$\dot{\varepsilon}_0$, m, β, σ_{sat}, 그리고 σ_0는 속도 의존적인(rate-dependent) 재료 상수이다. 여기서 머컬리 괄호 기호(Macaulay brackets) $\langle\ \ \rangle$는 계산된 값이 0보다 클 때만 값을 가지며 0보다 작을때는 0이 된다. 이는 과응력 기준(overstress criterion)과 관련이 있다.

화학적 유속은 아래와 같이 화학적 포텐셜 구배(chemical potential gradient)로 관계를 정의할 수 있다

$$\mathbf{I}_c = m_c \nabla(\mu_c). \qquad (8.7)$$

전류밀도(Current density) $\mathbf{j}$는 아래와 같이 정의를 할 수 있다.

$$\mathbf{j} = -F\mathbf{i}. \qquad (8.8)$$

F는 Faraday constant를 의미하며, $\mathbf{i}$는 화학적 유속(chemical flux)과 관계가 있는 유속벡터(flux vector)이다. 균형 포텐셜(equilibrium potential)은 표면 화학적 포텐셜(surface chemical potential) μ^{surf}과 시스템 내에서 양극(cathode)과 음극(anode) 사이의 기준전압(reference voltage)에 의해 다음과 같이 정의된다.

$$U = V_0 - \frac{\mu^{surf}}{F}. \tag{8.9}$$

버틀러－볼머(Butler-Volmer) 방정식은 평형 전위에 도달하기 전의 저항 성분들을 효과적으로 고려하여 아래와 같이 정의한다.

$$i = i_0 \left[exp \left(-\frac{1}{2}\frac{F\eta}{R\theta} \right) - exp \left(\frac{1}{2}\frac{F\eta}{R\theta} \right) \right], \text{ where} \tag{8.10a}$$

$$i_0 = F k_0 (1 - \bar{I})^{\alpha} \bar{I}^{(1-\alpha)}. \tag{8.10b}$$

R은 가스상수(gas constant)이며, η는 엔트로피(entropy), $\bar{I}$는 정규화된 농도(normalized concentration)이다. k_0와 α는 재료상수(material constant)이다. 수식 (8.4 – 8.8)을 수식 (8.3)에 대입하면 에너지 소산 부등식(energy dissipation inequality)은 구체화할 수 있다.

화학적 포텐셜(chemical potential) μ_c을 자유에너지밀도(free energy density) ψ로 정의하며 아래와 구체화한다.

$$\psi = \mu_c = \mu^0 + R\theta ln \left(\gamma \frac{\bar{I}}{1-\bar{I}} \right) - \frac{1}{3} tr(\mathbf{T})\Omega +$$

$$\frac{det(\mathbf{F}_{in})}{\bar{I}} \left[\frac{1}{2}\mathbf{E}_e \cdot \frac{\partial \boldsymbol{\mathcal{D}}}{\partial \bar{I}} \cdot \mathbf{E}_e \right] + \Omega \left[\frac{1}{2}\mathbf{E}_e \cdot \boldsymbol{\mathcal{D}} \cdot \mathbf{E}_e \right]. \tag{8.11}$$

γ, μ^0, 그리고 Ω는 재료상수(material constant)이다. $\boldsymbol{\mathcal{D}}$는 탄성물성텐서(elastic property tensor)이며 $\mathbf{E}_e$는 라그랑지안 탄성 변형률 텐서(Lagrangian elastic strain tensor)

로 수식 (3.44c)로 정의된다. 코시응력(Cauchy stress)는 아래와 같이 계산할 수
있다.

$$\mathbf{T} = \frac{1}{det\,(\mathbf{F}_e)}\left[\mathbf{F}_e\,\frac{\partial \psi}{\partial \mathbf{E}_e}\,\mathbf{F}_e^{\mathrm{T}}\right].$$

(8.12)

8.3 시뮬레이션(Simulation)

8.3.1 검증(Validation)

대상 형상은 속이 빈 튜브 형태의 실리콘 섬유이다. 〈그림 8−1〉에 나타낸
바와 같이, 대상은 하나의 요소로 구현되었다. 비정질 실리콘(amorphous silicon)의
물성은 Wu et al., (2012)의 실험값을 기반으로 하였으며, 이에 대한 값은 〈표
8−1〉에 제시되어 있다. 경계 조건은 두께방향(t) 방향에 대해 축대칭 조건으
로 설정되었으며, 화학적 유속은 반지름(r) 방향으로만 유입되는 것으로 가정
하였다.

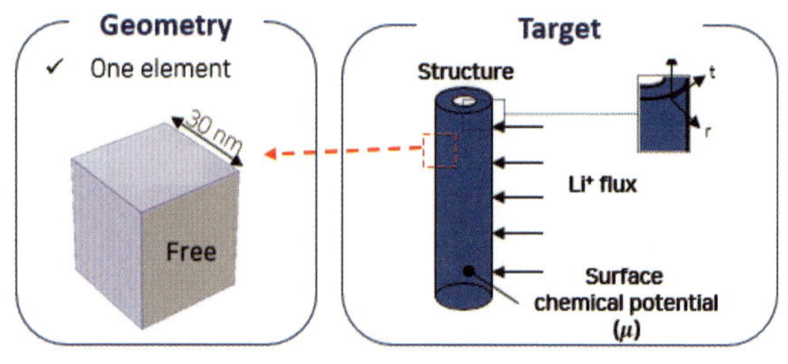

〈그림 8-1〉 시뮬레이션 모델의 기하학적 형상

[표 8-1] Amorphous silicon의 재료물성(Wu et al., 2012)

E	Si: 80 [GPa]	Li: 4.9 [GPa]	Y_0	1.6 [GPa]
υ	Si: 0.22	Li: 0.36	Y_{sat}	0.4 [GPa]
Ω	8.89×10^{-6} [m^3/mol]		D_0	10^{-16} [m^2/s]
I_R	0.295×10^6 [mol/m^3]		V_0	0.88 [V]
k_0	3.25×10^{-7} [mol/s]		$\dot{\varepsilon}_0$	2.3×10^{-3} [1/s]
m	2.94			

이 시뮬레이션에서, anode는 Bucci et al., (2014)의 참고 결과와 비교하기 위해 속이 빈 원통 형태를 가진 것으로 가정되었다. Si anode는 Li∣∣Si half-cell configuration에서 0.01[V]와 1[V]의 전압 창 내에서 일정한 전류 모드로 리튬화(lithiated)와 탈리튬화(delithiated)가 되었다. Si의 리튬화는 전해질 내에서 리튬 이온이 용해된 후, 그것들이 Si 표면에 비등방적으로 삽입되는 과정으로 시작되었다. 그후, 이 리튬이온들은 Si 결정 내부로 비등방적으로 확산되어 Li-Si 합금의 상 변화가 일어났다. 충전/방전 과정 동안, '필요 전압'이라고 불리는 출력 전압은 화학적 활성화(전하 이동), 농도, 그리고 옴 전압 손실로 인해 더 많은 전위 에너지를 필요로 하며, 이로 인해 충전 중에는 출력 전압이 낮아지고, 평형 전위보다 높은 출력 전압이 발생하게 된다.

〈그림 8-2〉는 제안된 모델로 계산한 결과이다. 〈그림 8-2〉 (a)에서 볼 수 있듯이, 양극의 전압 요구 사항은 참고 데이터(Bucci et al., 2014)와 잘 일치한다. 〈그림 8-2〉 (b)는 제안된 모델과 참고 데이터에서의 평형 전위 비교를 보여준다. 제안된 통합 모델은 참고 데이터와 잘 일치한다. 리튬화/탈리튬화 속도가 높을수록 일반적으로 낮은 용량을 보인다. 〈그림 8-2〉 (c)에서 볼 수 있듯이, 서로 다른 galvanostatic voltage profiles이 이전 연구(Di Leo et al., 2015)에서의 실험 결과와 비교된다. 또한, 〈그림 8-3〉에서는 서로 다른 C-rate에서의 에너지 소산을 비교한다. 〈그림 8-2〉와 〈그림 8-3〉의 결과들은 이전 연구들과

잘 일치한다. 따라서, 제안된 모델의 총 에너지 소모가 검증되었다.

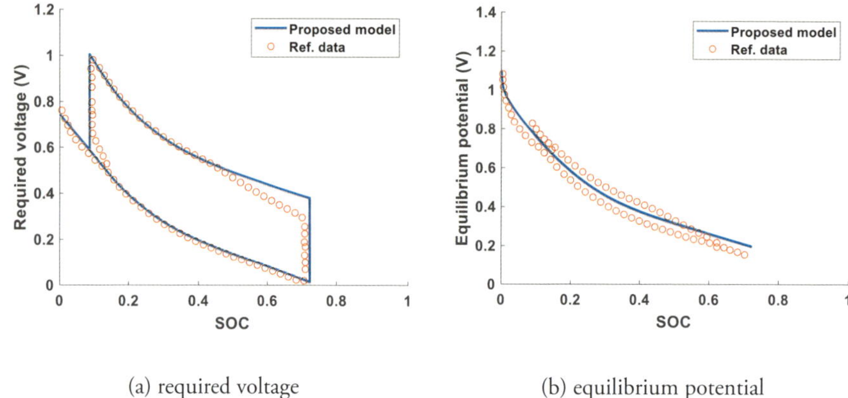

(a) required voltage　　　　　　　　(b) equilibrium potential

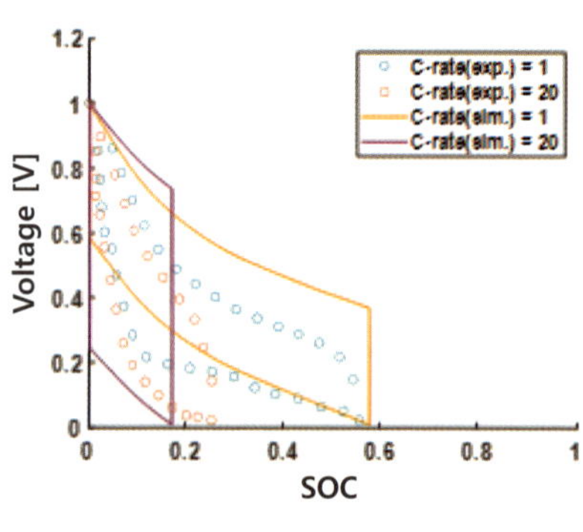

(c) at different C-rates

〈그림 8-2〉 Validation result.

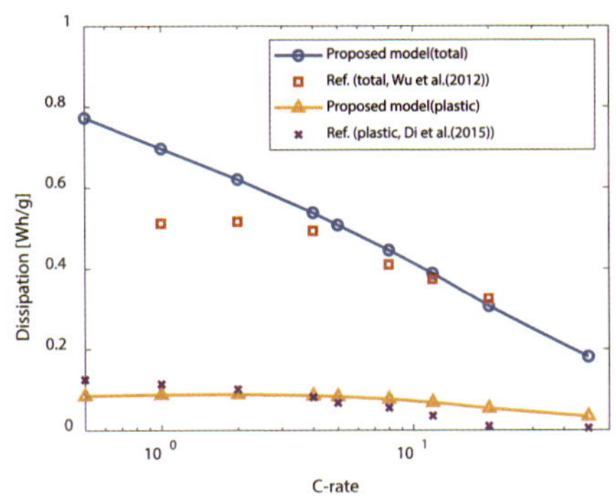

〈그림 8-3〉 Dissipation energy at different C-rates

8.3.2 리튬이온전지에서 실리콘 양극의 적용 예제

(Application example of silicon anode in lib)

C−rate 1에서, 점소성(viscoplasticity) 효과를 탄성(elasticity)만을 고려한 모델과 점소성(viscoplasticity)을 포함한 모델을 비교하였다. 탄성모델에서는 압력(pressure)이 주로 압축방향(compressive direction)으로 작용하며, 반지름방향 응력(radial stress)이 발생하는 것으로 나타났다. 반면, 점소성을 고려했을 때는 압력이 현저히 감소하고, 반지름방향 응력은 인장−압축−인장(tension-compression-tension)으로 전환되는 패턴을 보였다. 이 행동은 소성변형(plastic deformation)에 기인한 것으로, 큰 제약을 받는 영역에서는 응력완화(stress relaxation)가 발생하는 현상이다. 결과적으로, 시뮬레이션은 점소성이 〈그림 8−4〉에서 보다 높은 상태의 충전(SOC, 용량)을 초래함을 보여준다.

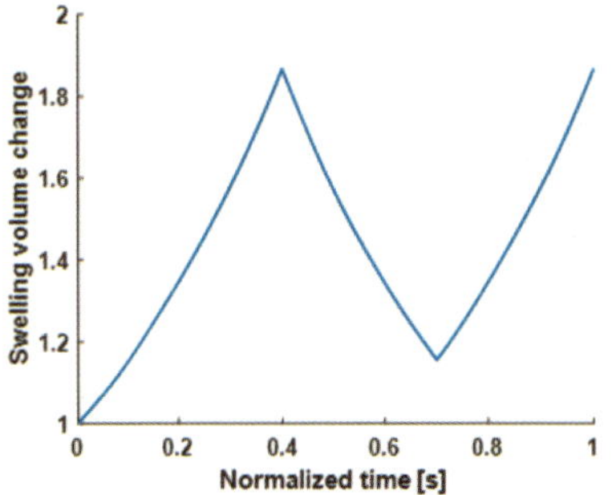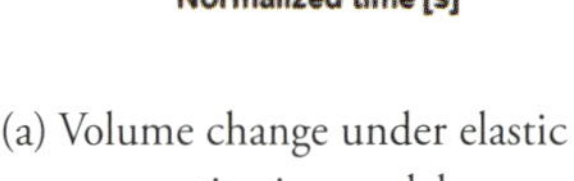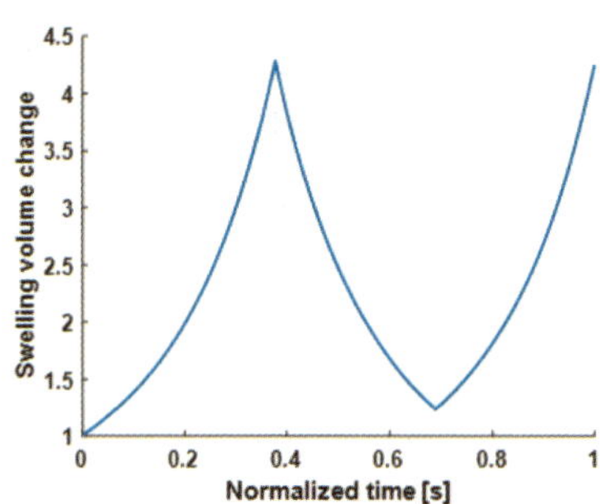

(a) Volume change under elastic
constitutive model

(b) Volume change under viscoplastic
constitutive model

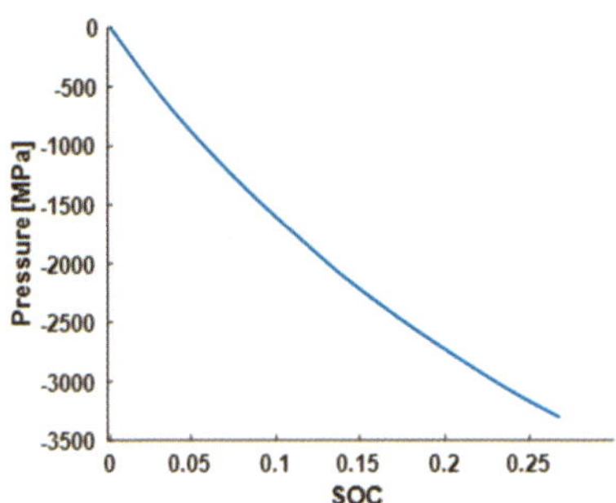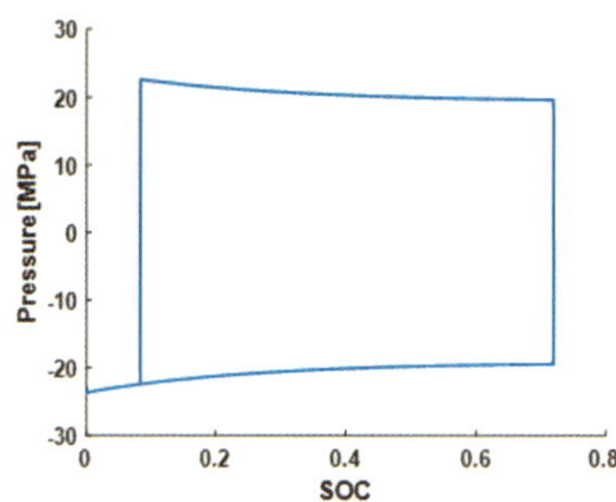

(c) Pressure change under elastic model

(d) Pressure change under viscoplastic model

〈그림 8-4〉 Comparison of mechanical part models on 1C

수식 (8.4-8.8)을 수식 (8.3)에 대입하여 정의된 소산 에너지(dissipation energy) 항목을 분석하여, 기계적, 화학적, 전기적 소모 에너지를 비교하였다. 〈그림 8-5〉의 결과는 C-rate에 따라 뚜렷한 패턴을 보였으며, C-rate가 증가함에 따라 기계적 및 화학적 소모 에너지는 감소하고, 전기적 소모 에너지는 더 높은 전류로 인해 증가하는 것으로 나타났다. 전기적 소모가 충분히 작다면 빠른 충전은 소모 에너지를 줄일 수 있지만, 그 대신 충전 상태(SOC)와 용량 이 감소하게 된다. 소산 에너지를 최소화하는 것은 배터리 수명 동안 에너지 손실을 줄일 수 있다. 그러나 고속 충전/방전 및 높은 용량과 같은 더 나은 배터리 성능은 재료의 기계적, 화학적, 전기적, 열적 특성에 따라 높은 소모 를 초래할 수 있다. 재료가 충분히 조사된다면 실험 전에 총 소모를 시뮬레 이션할 수 있으며, 소모의 각 기계적/화학적/전기적 항목은 시스템 안정성에 대한 중요한 지침을 제공할 수 있다. 소산 에너지를 최소화하면 에너지 손실 을 줄이고 배터리 수명을 향상시킬 수 있다. 그러나 고속 충전/방전 및 용량 증가와 같은 뛰어난 배터리 성능을 달성하려면, 종종 재료의 기계적, 화학 적, 전기적, 열적 특성에 의해 소모가 증가하게 된다. 소모 에너지를 기계적, 화학적, 전기적 구성 요소로 분해하면 시스템 안정성 및 최적화에 대한 중요 한 통찰을 제공할 수 있다.

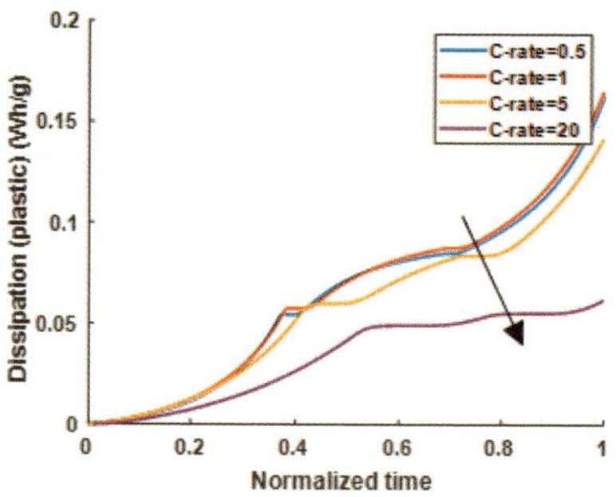

(a) Mechanical dissipation

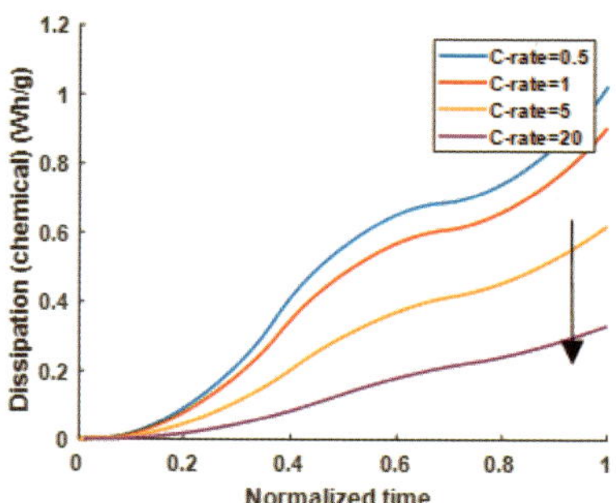

(b) Chemical dissipation

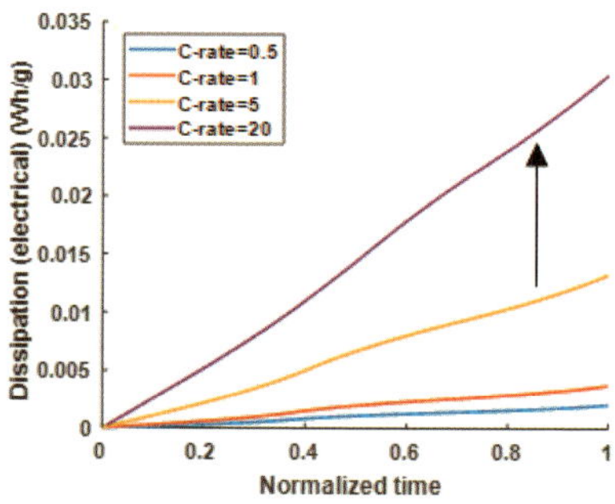

(c) Electrical dissipation

〈그림 8-5〉 Comparison of dissipation energy during lithiation-delithiation-lithiation on different C-rates.

References

Barlat, F., Brem, J., Yoon, J.W., Chung, K., Dick, R., Lege, D., Pourboghrat, F., Choi, S.-H., & Chu, E. (2003). Plane stress yield function for aluminum alloy sheets—part 1: theory. International Journal of Plasticity, 19, 1297-1319.

Bergamaschini, R., Salvalaglio, M., Backofen, R., Voigt, A., & Montalenti, F. (2016). Continuum modelling of semiconductor heteroepitaxy: an applied perspective. Advances in Physics: X, 1, 331-367.

Bucci, G., Nadimpalli, S.P., Sethuraman, V.A., Bower, A.F., & Guduru, P.R. (2014). Measurement and modeling of the mechanical and electrochemical response of amorphous Si thin film electrodes during cyclic lithiation. Journal of the Mechanics and Physics of Solids, 62, 276-294.

Chaboche, J.-L. (1986). Time-independent constitutive theories for cyclic plasticity. International Journal of Plasticity, 2, 149-188.

Di Leo, C.V., Rejovitzky, E., & Anand, L. (2015). Diffusion–deformation theory for amorphous silicon anodes: the role of plastic deformation on electrochemical performance. International Journal of Solids and Structures, 67, 283-296.

Giordano, D. (2002). Hypersonic-flow governing equations with electromagnetic fields. 33rd Plasmadynamics and Lasers Conference, 2165.

Guo, M., Kim, G.-H., & White, R.E. (2013). A three-dimensional multi-physics model for a Li-ion battery. Journal of Power Sources, 240, 80-94.

Hill, R. (1948). A theory of the yielding and plastic flow of anisotropic metals. Proceedings of the Royal Society of London. Series A. Mathematical and Physical Sciences, 193, 281-297.

Lee, E.-H., Stoughton, T.B., & Yoon, J.W. (2018). Kinematic hardening model considering directional hardening response. International Journal of Plasticity, 110, 145-165.

Lehner, F.K. (1995). A model for intergranular pressure solution in open systems. Tectonophysics, 245, 153-170.

Lodi, M.B., Fanti, A., Vargiu, A., Bozzi, M., & Mazzarella, G. (2021). A multiphysics model for bone repair using magnetic scaffolds for targeted drug delivery. IEEE Journal on Multiscale and Multiphysics Computational Techniques, 6, 201-213.

Pang, M.-C., Yang, K., Brugge, R., Zhang, T., Liu, X., Pan, F., Yang, S., Aguadero, A., Wu, B., & Marinescu, M. (2021). Interactions are important: Linking multi-physics mechanisms to the performance and degradation of solid-state batteries. Materials Today, 49, 145-183.

Sim, J.-W., Kim, T.-H., Kang, N., Lee, H.J., & Lee, E.-H. (2024). Effective thermo-electric-mechanical modeling of capacitively coupled plasma in low-pressure conditions: Modeling and application in dry etching. Applied Mathematical Modelling, 127, 32-59.

Stoughton, T.B. (2002). A non-associated flow rule for sheet metal forming. International Journal of Plasticity, 18, 687-714.

Stoughton, T.B., & Yoon, J.-W. (2004). A pressure-sensitive yield criterion under a non-associated flow rule for sheet metal forming. International Journal of Plasticity, 20, 705-731.

Visser, H., Spiers, C., & Hangx, S. (2012). Effects of interfacial energy on compaction creep by intergranular pressure solution: Theory versus experiments on a rock analog (NaNO3). Journal of Geophysical Research: Solid Earth, 117.

Wu, H., Chan, G., Choi, J.W., Ryu, I., Yao, Y., McDowell, M.T., Lee, S.W., Jackson, A., Yang, Y., &

Hu, L. (2012). Stable cycling of double-walled silicon nanotube battery anodes through solid–electrolyte interphase control. Nature Nanotechnology, 7, 310-315.

Wu, W., Xiao, X., Huang, X., & Yan, S. (2014). A multiphysics model for the in situ stress analysis of the separator in a lithium-ion battery cell. Computational Materials Science, 83, 127-136.

9장 자율제조 적용을 위한 전자기장을 활용한 소재물성의 실시간 측정 기술
Real-time measurement technology of material properties using electromagnetic fields for autonomous manufacturing applications

9.1 실시간 물성측정의 필요성과 전자기장을 활용한 소재물성 개요

환경(Environmental) 문제와 제조 비용(Manufacturing cost) 문제로 인해 제조업(Manufacturing industry)은 제품 품질(Product quality)과 생산성(Productivity) 향상에 지속적인 도전에 직면하고 있다. 특히 자동차 제조업체(Automotive manufacturers)는 상업용 부품(Commercial parts) 제작을 위해 판금(Sheet metal)을 사용할 경우 스프링백(Springback)과 균열(Cracking) 문제를 겪는다. 이러한 문제는 항복응력(Yield stress)과 제조 단계(Process stage)별 소성변형(Plastic deformation) 수준을 포함한 기계적 특성(Mechanical properties)과 밀접하게 관련된다(He et al., 2023; Lee et al., 2019, 2017; Yang et al., 2022; Zhang and Lou, 2024). 역학적(Mechanics) 연구를 통해 많은 연구자들이 이러한 문제를 개선했지만(Hou et al., 2023; Lou et al., 2022; Lou and Yoon, 2023; Ryś et al., 2022; Zhang and Lou, 2024; Zhou et al., 2024), 실제 공정(Process) 수준에서 문제를 해결하기 위한 접근이 추가로 필요하다. 기존 제조 공정(Traditional manufacturing)은 각 단계에서 재료 특

성(Material properties)의 이상적 제어(Ideal control)를 가정하지만, 실제 공정에서는 재료 특성이 변동(Variations)하며 이는 제어(control)를 어렵게 한다. 이러한 변동은 최종 제품 품질(Product quality)에 직접적인 영향을 미친다. 제조 라인(Manufacturing lines)에서 재료 특성을 모니터링(Monitoring)하면 품질 관리(Quality control)와 생산성(Productivity)을 크게 향상시킬 수 있다. 예를 들어, 각 생산 단계(Production stage)에서 실시간(Real-time)으로 유효 소성변형(Effective plastic strain)과 항복응력(Yield stress)을 제공하면, 프레스 공정(Process) 변수 관리를 최적화하고 제품 품질(Product quality)을 개선할 수 있다(Choi et al., 2022; de Souza and Rolfe, 2008; Kim et al., 2024; Prates et al., 2018; Shim et al., 2024). Kim et al.(2024)은 롤 탭핑(Roll tapping) 과정에서 탭핑 툴(Tapping tool) 손상을 줄이기 위해 동기화 제어 시스템(Synchronized control system)을 개발하였다. 이 시스템은 힘 센서 데이터(Force sensor data)를 활용하여 유효 소성변형(Effective plastic strain)을 예측하고, 이를 기반으로 힘(Force)을 제어하여 툴 손상을 감소시킨다. 유효 소성변형은 연성 손상(Ductile damage) 진화 모델에서 중요한 변수로 사용된다(Lou et al., 2014; Park et al., 2017). 그러나 Kim et al.(2024) 연구에서는 동일한 재료 특성을 모든 재료(Material)에 적용하였고, 실시간(Real-time) 측정이 이루어지지 않아 한계가 존재하였다. 항복응력(Yield stress)은 헤어핀 코일 모터(Hairpin coil motors) 생산 시 스프링백(Springback)을 보상하는 데 중요한 공정 변수(Process variable)로 사용될 수 있다(Choi et al., 2022; Shim et al., 2024). Choi et al.(2022)은 경화 곡선(Hardening curve)의 변수로 항복응력을 사용하면 생산 라인(Production line)에서 헤어핀 코일 스프링백(Springback)을 보상할 수 있음을 확인하였다. 그러나 실시간 재료 특성 측정(Real-time material property measurement)은 여전히 이루어지지 않았다. 현행 대부분의 공장(Factories)에서는 순차적 공정(Sequential process) 단계별로 유효 소성변형과 항복응력을 측정하지 않아 각 공정(Process)에서 소성변형(Plastic deformation) 변화를 정확히 추적하기 어렵다. 재료 특성(Material properties) 측정을 위해 단축(Uniaxial) 및 이축(Biaxial)

시험이 널리 사용되었으며(Mamros et al., 2022), 국소 압입(Localized indentation) 방법도 국부 특성(Local properties) 측정을 위해 활용되었다(Dahlberg et al., 2014; Idriss et al., 2023). 이러한 시험(Material tests)을 정밀하게 분석하기 위해 디지털 이미지 상관법(Digital Image Correlation, DIC), 모아레 간섭계(Moiré Interferometry), 전자 스펙클 패턴 간섭계(Electronic Speckle Pattern Interferometry, ESPI) 등 전장(Full-field) 측정 기술이 개발되었다(Dong and Pan, 2017; Kopec et al., 2021; Wang et al., 2018). 이들 기술은 모두 비접촉(Non-contact) 방식으로 전체 측정 영역(Measurement area)에서 국부 변형(Strain) 분포를 관찰할 수 있다. DIC는 표면(Surface)에 스펙클 패턴(Speckle pattern)을 형성하고 고해상도 카메라(High-resolution camera)로 촬영하여 변형을 계산한다. 모아레 간섭계(Moiré interferometry)는 두 개의 격자(Grating)로 생성된 회절 패턴(Diffraction pattern)을 분석하여 변형을 측정하며, 격자는 샘플에 직접 부착되거나 표면에 광학적으로 투사될 수 있다. ESPI는 레이저(Laser)를 표면에 반사시키고 기준 빔(Reference beam)과 간섭시켜 특정 패턴(Pattern)을 생성한 후 초기 패턴과 변형 패턴을 비교하여 전체 표면 변형(Strain distribution)을 측정한다. 이러한 광학적(Optical) 기법은 전체 변형 분포(Strain distribution)를 확인하는 데 효과적이나, 스펙클 패턴(Speckle pattern) 등의 표면 전처리(Surface preprocessing)가 필요하며, 공장에서 제조된 제품(Product)의 가치를 저하시키는 단점이 있다. 또한, 측정 시간(Measurement time) 제한으로 인해 모든 생산 라인(Production line)에서 재료 특성을 실시간(Real-time)으로 예측(Prediction)하는 데 어려움이 있다.

재료의 기계적 특성(Mechanical properties)을 현장(in-situ)에서 모니터링(Monitoring)하기 위한 다양한 센싱(Sensing) 방법이 검토되었다. 초음파(Ultrasonic) 방법은 이러한 특성을 평가하는 대표적인 기법 중 하나이다. 초음파(Ultrasonic waves)는 재료(Material)에 펄스 변위(Pulse displacement)를 유도하여 발생하며, 재료의 탄성 계수(Elastic modulus)에 따라 신호(Signal)를 수신한다. 동시에 결정립 크기(Grain size)나 화학 조성(Chemical composition)과 같은 미세 구조(Microstructural features)

에 따라 음속(Sound speed)과 진폭(Amplitude)의 변화가 발생하며, 이러한 신호 변화(Signal alteration)를 기반으로 물리적 특성(Physical properties)을 예측(Prediction)한다(Aghaie-Khafri et al., 2012; Allen and Sayers, 1984). 기계적 변형(Mechanical strain) 모니터링의 대안으로 섬유 브래그 격자(Fiber Bragg grating, FBG) 센서가 있다. 이 센서는 광섬유(Optical fiber)의 특정 구간에 높은 굴절률(Grid)을 형성하여 제작된다. 광섬유를 따라 이동하는 빛이 브래그 격자를 만나면 격자 간격(Half-wavelength)과 일치하는 특정 파장의 빛이 반사된다. 재료내 변형(Deformation)이 발생하여 브래그 간격이 변화하면 반사 빛의 스펙트럼(Spectrum)이 이동하고, 이를 통해 재료에 유도된 변형(Strain)을 예측할 수 있다(Campanella et al., 2018). 두 센서 유형 모두 기계적 특성 변화를 관찰하는 데 효과적이지만, 재료와의 직접 접촉이 필요하므로 실시간 모니터링(Real-time monitoring)에는 한계가 있다. 특히 초음파 센서는 음향 임피던스(Acoustic impedance)를 맞추기 위한 적절한 결합(Coupling)이 필수적이므로, 연속적인 재료 이동(Continuous material movement)이 발생하는 공정(Process monitoring) 환경에는 적합하지 않다. 이 문제를 해결하기 위해 와전류 거사(Eddy current testing, TCT) 센서를 활용할 수 있다. 와전류 검사방법은 비접촉식(Non-contact) 감지 능력과 빠른 데이터 수집(Rapid data acquisition)이라는 장점을 갖는다. ECT는 목표 재료(Target material)에 유도된 와전류로 인해 발생하는 시간 변화(Time-varying) 자기장(Magnetic field)의 변화를 감지하는 방식이다(Fang et al., 2023; Sun et al., 2023). 일부 연구에서는 ECT를 활용하여 강자성(Ferromagnetic) 및 비강자성(Non-ferromagnetic) 재료의 미세구조(Microstructure)를 평가하고 기계적 특성을 예측하고자 하였다. 예를 들어, 노화(Aging) 동안 석출(Precipitation)로 인한 경도(Hardness) 변화는 알루미늄(Aluminum)의 전기적 특성(Electrical properties)과 상관관계가 있다(Guo et al., 2018). 또한 ECT는 석유 및 가스 산업(Oil and gas industries)에서 널리 사용되는 저탄소강(Low-carbon steel)의 응력 부식(Stress corrosion)을 감지하는 데도 적용될 수 있다(Butusova et al., 2020). 전기적 특성 변화는 탄소

원자(Carbon atom)의 이동과 결정립계(Grain boundaries)에서 시멘타이트(Cementite) 형성으로 인한 표면 균열(Surface crack)에 의해 발생한다. 페라이트(Ferrite) 구조와 비교했을 때, 마르텐사이트(Martensite)의 자기 투자율(Magnetic permeability)은 ECT 반응(Response)에 현저한 영향을 미친다(Lu et al., 2021). 최근 재료과학 연구에서는 재료 내 전자기장(Electromagnetic field)과 소성변형(Plastic deformation) 간의 관계를 탐구하여 중요한 통찰(Insight)을 제공하고 있다(Chen and He, 2020; Wang and Kari, 2020; Xu et al., 2023). 그러나 이러한 연구를 공학적(Engineering) 응용에 적용하기 위해서는 시스템 수준에서 통합된 실험 환경(Experimental setup)과 모델링 프레임워크(Modeling framework)가 필요하다. 최근 일부 수치 연구는 플라즈마 분석(Plasma analysis)(Kim and Lee, 2016; Sim et al., 2024), 줄 발열(Joule heating)(Jankowski et al., 2016; Niyonzima et al., 2019), 재료 제어(Material control)(Hanappier et al., 2021; Shi, 2020; Zhan and Lin, 2020)와 관련된 기계적-전자기적(Coupled mechanical and electromagnetic) 거동을 다루고 있으나, 전자기장과 소성변형 간 관계를 통합하여 전기회로(Electric circuit)와 결합한 시스템 수준 모니터링(System-level monitoring) 모델링 프레임워크 연구는 아직 제한적이다.

본 책은 전자기-소성변형(Electromagnetic-plastic deformation) 반응을 전기회로 분석(Circuit analysis)과 결합한 통합 모델링 프레임워크(Integrated modeling framework)를 제시하며, 물리 기반 모니터링 시스템(Physics-informed monitoring system) 구현 가능성을 고려한다. 이 모델은 자동차 생산 라인(Automotive production lines)에서 판금(Sheet metal) 기계적 특성을 실시간으로 예측하고, 디지털 트윈(Digital twin) 시스템과 통합된 모니터링 시스템 설계 및 시뮬레이션에 활용된다. 전자기장(Electromagnetic field)을 다룰 때 시공간 좌표계(Spacetime frame)의 정의가 중요하며, 이론적으로 전자기학(Electromagnetism)은 로렌츠변환(Lorentz transformations)을 통해 객관성(Objectivity)을 고려해야 한다(Grot and Eringen, 1966; Lee, 2024). 그러나 재료역학(Mechanics of materials)은 전통적으로 갈릴레이 변환(Galilean transformations)을 통

해 객관성을 평가하였다. 본 연구에서는 관찰자(Observer)와 재료(Material)가 동일한 관성 좌표계(Inertial coordinate system)를 공유하고 상대 속도(Relative velocity)가 빛의 속도보다 훨씬 느리므로, 상대론적 효과(Relativistic effect)는 고려하지 않았다. 또한 변형은 곱셈적 분해(Multiplicative decomposition) 방정식을 기반으로 모델링하였다. 따라서 본 책은 소성변형과 전자기장(Electromagnetic field) 상호작용, 전기회로 결합을 다룬다. 이를 위해 소성변형과 전기 전도도(Electrical conductivity) 간 관계를 고려한 전자기–기계 반응(Electromagnetic–mechanical response) 균형 법칙(Balance laws)을 통합 열역학적 에너지 균형(Integrated thermodynamic energy balance) 원리에 기반하여 3–4장에 기록된 수식을 바탕으로 모델링을 하였다(Hutter K. et al., 2007; Lee, 2021; Steigmann, 2009). 이후 소성변형과 전기적 특성(Electrical properties) 간 관계를 구체화하기 위해, 전위 밀도(Dislocation density)와 매티센 법칙(Matthiessen's rule) 간 관계를 모델링하였다. 이어 구성 방정식(Constitutive equations)을 결정립 소성(Crystal plasticity, CP) 모델에 구현하고, 모델 보정(Calibration)을 수행하였다.

9.2 모델링(Modeling)

3장에 논의된 수식에 기반하여 본 절에서는 소성변형과 전자기 상호작용 간의 모델링을 제안하고 이를 소개한다. 자율제조 공정의 재료 모니터링 상황에서 질량 생성, 온도 변화, 중력, 화학적 물질이동을 고려하지 않는다. 또한 재료 모니터링에서는 재료에 미치는 영향을 최소화하기 위해서 센싱 전자기장의 세기를 작게 하면 분극, 자화, 맥스웰 응력(Maxwell' stress)을 무시할 수 있다. 이에 따라 수식(3.20a-3.20d)에 기반한 전기–기계 평형 법칙을 다음과 같이 정리된다.

$$\rho\dot{\mathbf{v}} = \nabla \cdot \mathbf{T}, \tag{9.1a}$$

$$\mathbf{T} - \mathbf{T}^{\mathrm{T}} = \mathbf{0}, \tag{9.1b}$$

$$\frac{\partial \rho}{\partial t} + \nabla \cdot (\rho\mathbf{v}) = 0, \tag{9.1c}$$

$$\rho\dot{\epsilon} = \mathbf{T} \cdot \nabla\mathbf{v} + \mathbf{j} \cdot \mathbf{e}. \tag{9.1d}$$

각 항의 의미는 수식 3장에 자세히 설명이 되어 있다. 또한 이 상황(condition)에서 시스템(system)의 에너지소산(energy dissipation)은 소성변형과 옴가열(ohm heating)이며 이로 인해 소산부등식(dissipation inequality)은 7장의 모터제조의 예제와 같은 수식 (7.2)의 형태로 아래와 같이 정리된다.

$$\xi = \mathbf{T} \cdot \mathbf{D}_{in} + \mathbf{j} \cdot \mathbf{e} \geq 0. \tag{9.2}$$

모터의 예제에서는 바우싱거 효과(Bauschinger effect) 등을 고려하기 위하여 $\mathbf{D}_{in}$의 구성방정식을 운동경화법칙(Kinetic hardening model)을 활용하여 정의하였다. 본 장에서는 자율제조 라인에서 재료를 모니터링 하는 것이 중요한 이슈이며 소재의 전위밀도(dislocation density)의 증가를 모니터링 하는 것에 집중한다. 이에 따라 $\mathbf{D}_{in}$는 5장에서와 결정구조(crystalline structure)의 영향을 고려하는 예제와 같이 결정소성학 (crystal plasticity)이론을 활용하는 것이 효과적이다. 비가역적 부피팽창을 고려하지 않는다면 비탄성 속도구배(inelastic velocity gradient)는 다음과 같이 정의된다.

$$\boldsymbol{\ell}_{\dot{n}} = \sum \dot{\gamma}^{\alpha} \left(\mathbf{s}^{\alpha} \otimes \mathbf{n}^{\alpha} \right), \tag{9.3a}$$

$$\mathbf{L}_{\dot{n}} = \mathbf{F}_{e}\, \boldsymbol{\ell}_{\dot{n}}\, \mathbf{F}_{e}^{-1} = \sum \dot{\gamma}^{\alpha} \left(\mathbf{s}^{\alpha *} \otimes \mathbf{n}^{\alpha *} \right),\ \mathbf{s}^{\alpha *} = \tag{9.3b}$$

$$\mathbf{F}_{e}\mathbf{s}^{\alpha},\ \text{and}\ \ \mathbf{n}^{\alpha *} = \mathbf{F}_{e}^{-T}\mathbf{n}^{\alpha},$$

$\dot{\gamma}^{\alpha}$는 α번째 슬립계의 슬립속도(slip rate)을 의미하고, $\mathbf{s}^{\alpha}$는 슬립방향(slip direction), $\mathbf{n}^{\alpha}$는 식 (9.3a)에서 α번째 슬립면의 단위 법선 벡터(unit normal vector)를 나타낸다. $\mathbf{s}^{\alpha}$와 $\mathbf{n}^{\alpha}$는 결정 구조(crystalline structure)에 따라 달라진다. $\mathbf{s}^{\alpha *}$와 $\mathbf{n}^{\alpha *}$ 역시 $\mathbf{s}^{\alpha}$와 $\mathbf{n}^{\alpha}$를 기반으로 정의되며, 식 (9.3b)에 나타난 것처럼 $\mathbf{F}_{e}$의 영향을 받는다($\mathbf{F}_{e}$는 deformation gradient의 탄성파트이다). 최근 결정 소성(crystal plasticity) 분야에서는 많은 발전이 이루어지고 있다(Cappola et al., 2024; Gao et al., 2022; Hu et al., 2024; Ryś et al., 2022; Yao et al., 2024; Zhou et al., 2024). 그러나 본 책에서는 자기장(magnetic field), 소성변형(plastic deformation), 전기 회로(electrical circuit)가 결합된 시스템 수준의 통합 모델링 체계 내에서 기본적인 결정 소성 모델링을 활용하는 데 초점을 둔다.

$\dot{\gamma}^{\alpha}$는 일반적으로 아래와 같이 정의하여 사용할 수 있다.

$$\dot{\gamma}^{\alpha} = \dot{\gamma}_{0}{}^{\alpha} \left(\frac{\bar{\tau}^{\alpha}}{g^{\alpha}} \right)^{1/m}, \tag{9.4}$$

여기서 $\dot{\gamma}_{0}{}^{\alpha}$는 기준 전단 속도(reference shear rate)를 의미하며, $\bar{\tau}^{\alpha}$는 분해 전단 응력(resolved shear stress), g^{α}는 슬립계 강도(slip system strength)를 나타내고, m은 속도 민감도(rate sensitivity)와 관련된 지수(exponent)를 의미한다. 슬립 강도 g^{α}는 다음과 같이 네트워크 전위 밀도(network dislocation density) β와 다음의 수식과 같이 관련된다(Admal et al., 2017; Barton et al., 2013).

$$g^\alpha = g_0 + b\mu\sqrt{h_n\beta}, \text{ where} \qquad\qquad (9.5a)$$

$$\beta = \beta_0 h. \qquad\qquad (9.5b)$$

여기서 g_0, b, μ, h, n, β_0는 모델 매개변수(model parameters)이다. g_0는 기준 슬립 강도(reference slip strength)를 의미한다. b와 μ는 각각 버거스 벡터(Burgers vector)와 전단 탄성률(shear modulus)과 관련된다. h_n은 경화 계수(hardening coefficient)이다. 수식 (9.5b)의 표현은 Barton et al.(2013)에서 가져온 것으로, β를 일정한 전위 밀도(constant dislocation density) β_0와 무차원 진화 변수(dimensionless evolving parameter) h로 분리하기 위함이다. β_0와 h는 각각 β의 크기(magnitude)와 진화(evolution)를 제어한다. 수식 (9.5b)에서 β_0와 h의 곱은 Kocks – Mecking 유형의 경화 모델(Kocks–Mecking type hardening model)을 기반으로 Admal et al.(2017)이 제시한 식과 거의 동일한 결과를 제공한다(Anjabin et al., 2014; Estrin, 1998; Jiang et al., 2022; Mecking and Kocks, 1981). 그러나 이러한 분리는 h의 변화를 통해 전위 밀도 진화(dislocation density evolution)의 영향을 보다 직관적으로 이해할 수 있게 한다. β의 진화는 다음과 같이 정의될 수 있다(Admal et al., 2017; Barton et al., 2013).

$$\dot{\beta} = \beta_0\dot{h}, \text{ where} \qquad\qquad (9.6a)$$

$$\dot{h} = \dot{\gamma}\left(a_1\sqrt{h} - a_2\left(\frac{\dot{\gamma}_{k0}}{\dot{\gamma}}\right)^{1/n} h\right), \qquad\qquad (9.6b)$$

여기서 a_1, a_2, 그리고 $\dot{\gamma}_{k0}$는 모델 매개변수이다. 이 진화 방정식(evolution equation)에서 괄호 안의 첫 번째 항은 전위 저장(dislocation storage)을 나타내고,

두 번째 항은 전위 소멸(dislocation annihilation)에 해당한다(Admal et al., 2017; Barton et al., 2013; Estrin, 1998; Lu et al., 2019; Zhao et al., 2020). 이 모델은 전위 밀도의 장기 진화(long-term evolution)를 설명하며, 큰 변형(large strains)에서 양의 경화 거동(positive hardening behavior)으로 이어진다. 지수 n은 온도(temperature)에 반비례한다. 그러나 본 논문에서는 온도 의존적 회복(temperature dependent recovery)을 고려하지 않기 때문에 n은 큰 값을 갖게 된다.

위의 수식들을 기반으로 하여 수식 9.2의 소성변형(plastic parts) $\mathbf{D}_{in}$와 $\mathbf{W}_{in}$은 아래와 같이 계산 할 수 있다.

$$\mathbf{D}_{in} = \frac{1}{2}(\mathbf{L}_{in} + \mathbf{L}_{in}^{\mathrm{T}}), \text{ and } \mathbf{W}_p = \frac{1}{2}(\mathbf{L}_{in} - \mathbf{L}_{in}^{\mathrm{T}}). \tag{9.7}$$

결정 회전 텐서 $\mathbf{R}$의 진화(evolution)는 다음과 같이 표현될 수 있다 (Mánik et al., 2022).

$$\dot{\mathbf{R}} = (\mathbf{W} - \mathbf{W}_{in})\mathbf{R}. \tag{9.8}$$

또한 전기적 구성방정식을 고려하기 위해서 수식 (9.2)에서 전류밀도(current density)를 아래와 같이 정의한다.

$$\mathbf{j} = \sigma\mathbf{e}, \tag{9.9}$$

σ는 전기적 전도도(electrical conductivity)이고 $\mathbf{e}$는 전기장 밀도(electrical field density)이다. 전기적 저항율(electrical resistivity) χ_e는 전도도와 역수의 관계를 가진다.

$$\mathrm{d}\chi_e = \frac{\partial \chi}{\partial \beta}\,\mathrm{d}\beta, \text{ where } \mathrm{d}\beta = \dot{\beta}\Delta t. \tag{9.10}$$

전기 저항률의 변화를 전위의 변화에 대해서 측정하여 소재를 모티터링하기 위해서는 아래의 수식을 사용할 수 있다.

$$\mathrm{d}\chi_e = \frac{\partial \chi}{\partial \beta}\,\mathrm{d}\beta, \text{ where } \mathrm{d}\beta = \dot{\beta}\Delta t. \tag{9.11}$$

Δt는 시간의 증분이며 $\dot{\beta}$는 수식 (9.6)에 정의되어 있다. 마지막으로 이를 활용하여 유동응력(flow stress)를 모티터링 하기 위해 유동응력의 아래의 식을 사용한다.

$$\bar{\sigma} = C_1 - C_2\exp\left(-C_3\left(\varepsilon_p\right)^{C_4}\right) + C_5\varepsilon_p. \tag{9.12}$$

$\bar{\sigma}$와 ε_p는 각각 유효응력(equivalent stress)과 유효소성변형률(equivalent plastic strain)을 의미하고 $(C_1, C_2, C_3, C_4, C_5)$은 재료 매개변수이다. $\bar{\sigma}$의 증분은 아래와 같이 예측할 수 있다.

$$\mathrm{d}\bar{\sigma} = \frac{\partial \bar{\sigma}}{\partial \varepsilon_p}\frac{\partial \varepsilon_p}{\partial \beta}\left(\frac{\partial \chi_e}{\partial \beta}\right)^{-1}\mathrm{d}\chi_e. \tag{9.13}$$

9.3 전자기장을 활용한 실시간 재료 모니터링
(Real-time material monitoring using electromagnetic fields)

위의 방정식들은 〈그림 9-1〉에 도식된 바와 같이 모니터링 시스템에 구현되어 프로그램으로 제작될 수 있다. 〈그림 9-14〉는 자율제조의 디지털 트윈(Digital Twin) 시스템의 일부로 구현된 실시간 모니터링 시스템의 물리 기반 모델(physics-informed model)을 위한 그래픽 사용자 인터페이스(GUI)를 보여준다. 이 인터페이스를 통해 사용자는 파형 생성 기능을 제어하고, 픽업 코일과 드라이브 코일에서 측정된 디지털 신호를 시각화할 수 있다. 파형 생성은 최대 100kHz까지 설정할 수 있으며, 설정된 한도 내에서 0.1V 단위로 진폭 조정도 가능하다. 하드웨어의 주파수 대역은 100kHz까지 지원되지만, 와전류 탐침(eddy current probe)은 코일의 자체 공진(self-resonance)에 의해 동작 한계가 결정된다는 점에 유의해야 한다. 이 시스템은 또한 사용자가 로우패스 및 하이패스 필터와 같은 디지털 필터를 적용하여 픽업 신호의 노이즈를 제거할 수 있도록 한다. 모든 파형 사양은 시스템 내에 저장할 수 있다. 시스템은 드라이브 코일과 픽업 코일에서 얻은 원신호(raw signal)를 실시간으로 표시하여, 사용자가 진폭 및 위상의 변화를 관찰할 수 있도록 한다. 임피던스 평면(impedance plane)은 시스템의 좌측 상단에 위치하며, 동상(in-phase) 성분과 직교(quadrature) 성분을 플로팅하여 픽업 신호와 드라이브 신호 간의 절대 위상 변화를 시각적으로 제공한다. 모니터 중앙에는 전체 진폭이 표시되어, 기준점(air point)에서 시편 접촉으로의 변화와 같은 진폭 변화의 관찰이 가능하다. 모든 데이터는 시스템에 저장하여 이후 분석에 활용할 수 있으며, 시험된 재료가 허용 범위 내에 있는지에 따라 합격/불합격 결과도 제공된다. 원신호 데이터는 이더넷 통신을 통해 노트북 PC로 전송되며, MATLAB 소프트웨어를 이용해 신호 처리가 수행된다. 이후 측정된 위상 변화를 기반으로 물리 기반 모델링을 통해 실시간으로 소성변형과 항복강도를 예측한다. 마지막으로, 〈그림 9-1〉에 표현 것처럼 예측된 항복강도와 소성변형이 정량화되어 사용자에게 실시간으로 표시된다.

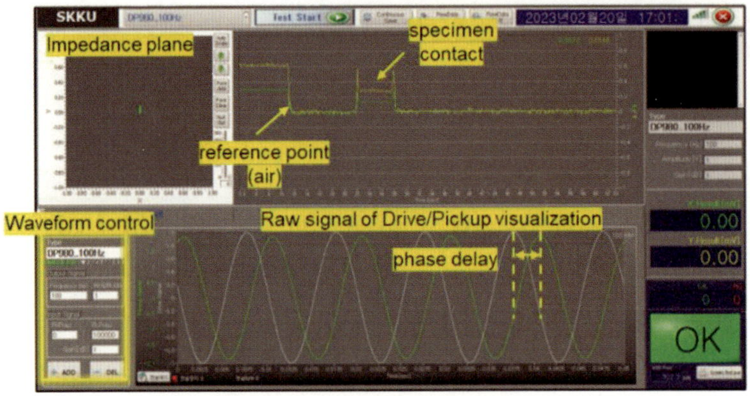

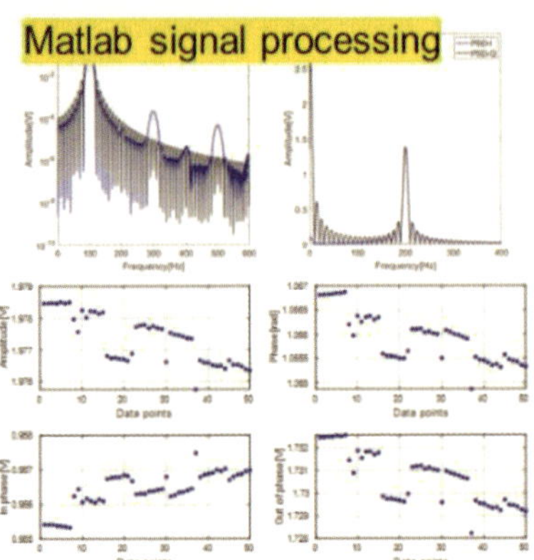

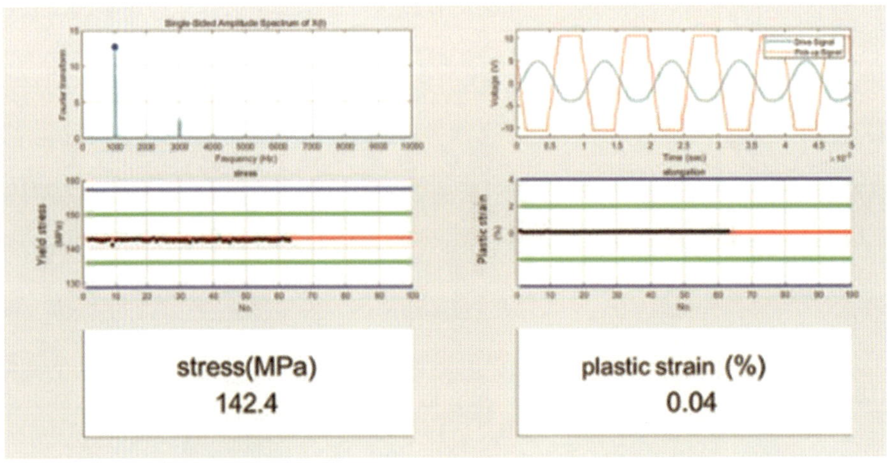

[그림 9-1] Implemented physics-based monitoring program

위의 제작된 모니터링 장비를 활용하여 9.2장에 제안된 모델을 실험 측정값과 비교하여 검증한다. 다양한 수준의 소성변형을 유도하기 위해 ASTM−E8 규격에 따라 IF 강의 인장시험 시편을 제작하였다. 이러한 조건으로 시편을 제작한 주요 목적은 전기적 물성 측정과 전위밀도에 따른 미세조직 분석을 수행하기 위함이다. 모델의 구성방정식에 포함된 매개변수를 보정하고 검증하기 위해서는 서로 다른 전위밀도를 가진 시편을 준비해야 한다. 또한 전위밀도 변화에 따라 달라지는 항복강도와 전기저항을 측정함으로써 결정소성 유한요소법(CPFEM)을 활용하여 모델을 보정할 수 있다. 시편의 폭은 40mm, 게이지 길이는 50mm, 두께는 0.7mm이며, 두께는 강 제조업체에서 관리하였다. 시편은 범용 인장시험기를 이용해 $4 \times 10^{-5}/s$의 변형률 속도로 인장하였다. 인장시험은 총 10개의 소성변형 수준(0, 0.0278, 0.0563, 0.11, 0.124, 0.176, 0.2, 0.237, 0.283, 0.305)에 대해 수행되었다. 소성변형률에 따른 유동응력은 수식 (9.12)의 Hockett − Sherby 형태(He et al., 2022; E. H. Lee et al., 2019; E. H. Lee and Rubin, 2020; Noder and Butcher, 2019)로 피팅(fitting)을 하였으며, 모델의 파라미터는 〈표 9−1〉에 정리하였다. 또한 결정소성모델의 파라미터들은 〈표 9−2〉에 정리하였다.

[표 9-1] IF steel의 기계적 물성

Parameters		Value	Units
Experimental results	Yield strength	143.3	[MPa]
	Ultimate tensile strength	293.6	[MPa]
Material model	C_1	425.6	[MPa]
	C_2		[MPa]
		293.2	
	C_3	4.72	[-]
	C_4	0.72	[-]
	C_5	0.8	[MPa]

[표 9-2] 모델 파라미터

Parameters		Value	Units
Material parameters	C_{11}	228	[GPa]
	C_{12}	132	[GPa]
	C_{44}	116	[GPa]
	g_0	40	[MPa]
CPFEM parameters	a_1	54	[-]
	a_2	2	[-]
	$\dot{\gamma}_{k0}$	1e10	[1/s]
	b	2.48	Å
	h_n	1.8	[-]
	h_0	14.2	[-]
	n	100	[-]
	m	0.25	[-]
	β_0	1E12	[1/m2]
	$\dot{\gamma}_0$	1E-3	[-]

구현된 모델을 기반으로 한 미시 규모의 전자 – 기계 연성 시뮬레이션은 COMSOL 프로그램의 편미분방정식(PDE) 모듈을 사용하여 수행하였다. 원하는 결정립(grain) 개수에 대응하도록 다결정 조직(polycrystalline texture)을 생성하기 위해 'N'개의 점을 선택하였다. 결정립 영역의 경계는 보로노이 분할(Voronoi tessellation) 기법을 이용해 설정되었으며, 이는 영역 내의 국소 점들과 선택된 점들 사이의 거리를 비교하여 영역을 나누는 방법이다(Admal et al., 2017; Sun et al., 2019). 이후 각 결정립에 무작위 회전 벡터를 할당하여 무작위 방위를 갖는 조직을 생성하였다. 이렇게 구성된 벡터장은 수치 시뮬레이션을 위해 COMSOL Multiphysics에 통합되었다. 이 책에서는 정육면체(cube) 형상을 기반으로 전자기장과 소성변형 사이의 관계를 규명하는 데 초점을 둔다. 정육면체 구조는 일반적으로 구성방정식과 FEM 구현을 검증하기 위해 CPFEM 시뮬레이션

(Cappola et al., 2024; Jiang et al., 2022; Zhang et al., 2023)에서 사용된다. 이 큐브는 충분한 수의 결정립을 포함하여 재료의 유효 물성을 안정적으로 얻을 수 있을 만큼 크다고 가정하며, 이를 대표 체적 요소(RVE, representative volume element) 개념이라 한다. 목표 형상은 $106\mu m^3$의 부피를 가진 정육면체로, 이는 실제 측정된 평균 결정립 크기를 반영한 것이다. 자세한 내용은 Shim et al.,(2025)에 정리되어 있다.

시뮬레이션 결과는 〈그림 9-2〉-〈그림 9-3〉에 간략히 제시하였다. 〈그림 9-2〉는 단축 인장 변형에 따른 전기 저항률의 변화를 각각 나타낸 것이다. 〈그림 9-2〉에서 볼 수 있듯이 전기 저항률은 인장이 증가할수록 같이 증가하는 것을 볼 수 있다. 마지막으로 모델을 활용하여 실제 인장 소성변형률에 따른 유동응력, 전위밀고, 전기정항 등의 결과를 〈그림 9-3〉에 나타냈다. 시뮬레이션 결과는 인장시험, 전기 저항률 측정, 실험분석과 잘 일치하며 모델 매개변수의 타당성을 입증한다. 더 자세한 분석과 자율제조 공정으로의 응용은 Shim et al.,(2025)에 잘 정리되어 있다.

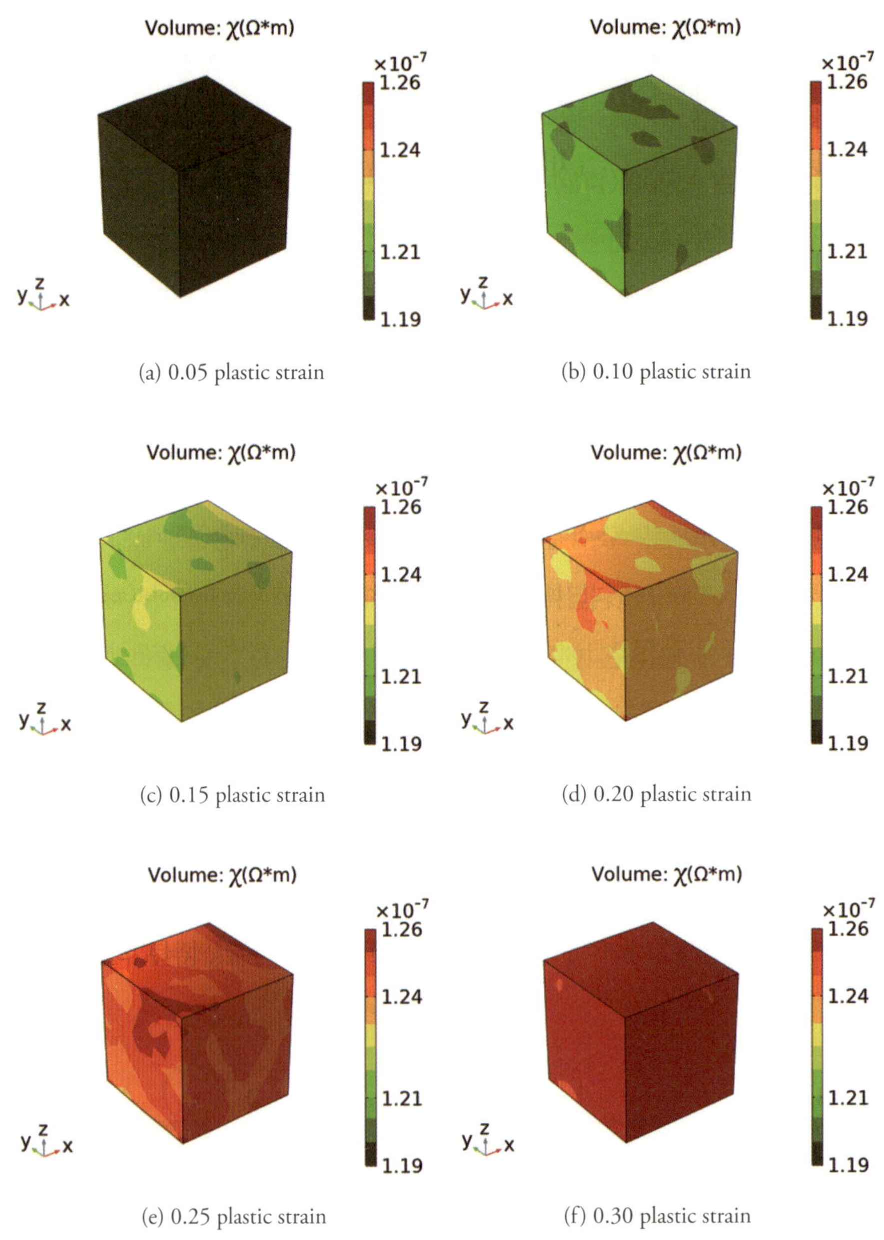

〈그림 9-2〉 Change of χ_e by deformation.

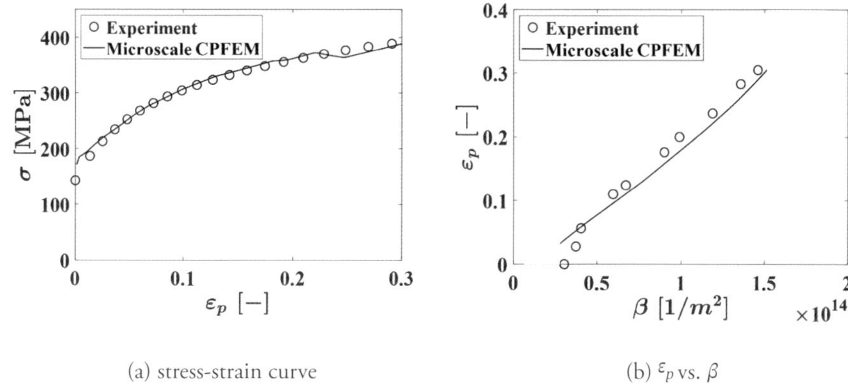

(a) stress-strain curve

(b) ε_p vs. β

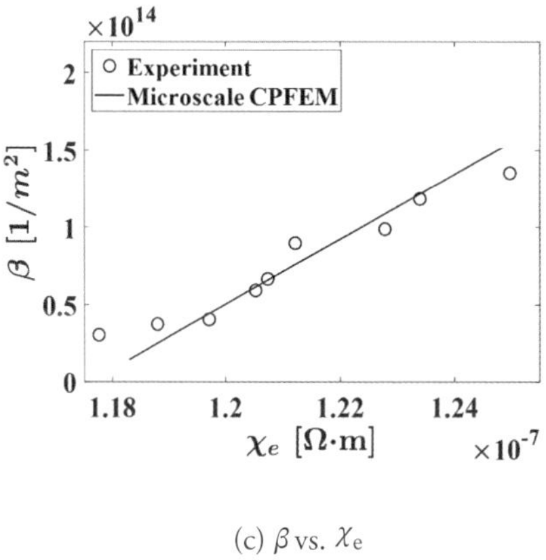

(c) β vs. χ_e

⟨그림 9-3⟩ Microscale CPFEM results compared with experimental data.

References

Admal, N. C., Po, G., & Marian, J. (2017). Diffuse-interface polycrystal plasticity: expressing grain boundaries as geometrically necessary dislocations. Materials Theory, 1.

Aghaie-Khafri, M., Honarvar, F., & Zanganeh, S. (2012). Characterization of grain size and yield strength in AISI 301 stainless steel using ultrasonic attenuation measurements. Journal of Nondestructive Evaluation, 31, 191–196.

Allen, D. R., & Sayers, C. M. (1984). The measurement of residual stress in textured steel using an ultrasonic velocity combinations technique. Ultrasonics, 22, 179–188.

Anjabin, N., Karimi Taheri, A., & Kim, H. S. (2014). Crystal plasticity modeling of the effect of precipitate states on the work hardening and plastic anisotropy in an Al-Mg-Si alloy. Computational Materials Science, 83, 78–85.

Barton, N. R., Arsenlis, A., & Marian, J. (2013). A polycrystal plasticity model of strain localization in irradiated iron. Journal of the Mechanics and Physics of Solids, 61, 341–351.

Basar, Y., & Weichert, D. (2013). Nonlinear continuum mechanics of solids: fundamental mathematical and physical concepts. Springer.

Bechtel, S., & Lowe, R. (2014). Fundamentals of continuum mechanics: with applications to mechanical, thermomechanical, and smart materials. Academic Press.

Brown, J. D. (2021). Elasticity theory in general relativity. Classical and Quantum Gravity, 38.

Butusova, Y. N., Mishakin, V. V., & Kachanov, M. (2020). On monitoring the incubation stage of stress corrosion cracking in steel by the eddy current method. International Journal of Engineering Science, 148.

Campanella, C. E., Cuccovillo, A., Campanella, C., Yurt, A., & Passaro, V. M. N. (2018). Fibre Bragg Grating based strain sensors: review of technology and applications. Sensors.

Cappola, J., Wang, J., & Li, L. (2024). A dislocation-density-based crystal plasticity model for FCC nanocrystalline metals incorporating thermally-activated depinning from grain boundaries. International Journal of Plasticity, 172.

Casey, J., & Naghdi, P. M. (1980). A remark on the use of the decomposition F = FeFp in plasticity. Journal of Applied Mechanics, 47, 672–675.

Chen, X., & He, Y. (2020). Thermo-magneto-mechanical coupling dynamics of magnetic shape memory alloys. International Journal of Plasticity, 129, 102686.

Cho, C. H., & Cho, H. (2021). Effect of dislocation characteristics on electrical conductivity and mechanical properties of AA 6201 wires. Materials Science and Engineering: A, 809.

Choi, H., Fazily, P., Park, J., Kim, Y., Cho, J. H., Kim, J., & Yoon, J. W. (2022). Artificial intelligence for springback compensation with electric vehicle motor component. International Journal of Material Forming, 15.

Chomsuwan, K., Yamada, S., & Iwahara, M. (2007). Bare PCB inspection system with SV-GMR sensor eddy-current testing probe. IEEE Sensors Journal, 7, 890–895.

Dahlberg, C. F. O., Saito, Y., Öztop, M. S., & Kysar, J. W. (2014). Geometrically necessary dislocation density measurements associated with different angles of indentations. International Journal of Plasticity, 54, 81–95.

Daphalapurkar, N. P., Patil, S., Nguyen, T., Prasad, K. E., & Ramesh, K. T. (2018). A crystal plasticity model for body-centered cubic molybdenum: experiments and simulations. Materials Science and Engineering: A, 738, 283–294.

Daura, L. U., Tian, G., Yi, Q., & Sophian, A. (2020). Wireless power transfer-based eddy current non-destructive testing using a flexible printed coil array. Philosophical Transactions of the Royal Society A, 378, 20190579.

de Souza, T., & Rolfe, B. (2008). Multivariate modelling of variability in sheet metal forming. Journal of Materials Processing Technology, 203, 1–12.

Dong, Y. L., & Pan, B. (2017). A review of speckle pattern fabrication and assessment for digital image correlation. Experimental Mechanics, 57, 1161–1181.

Estrin, Y. (1998). Dislocation theory based constitutive modelling: foundations and applications. Journal of Materials Processing Technology, 80, 33–39.

Fang, Y., Qu, Y., Zeng, X., Chen, H., Xie, S., Wan, Q., Uchimoto, T., & Chen, Z. (2023). Distinguishing evaluation of plastic deformation and fatigue damage using pulsed eddy current testing. NDT & E International, 140.

Field, D. P., Merriman, C. C., Allain-Bonasso, N., & Wagner, F. (2012). Quantification of dislocation structure heterogeneity in deformed polycrystals by EBSD. Modelling and Simulation in Materials Science and Engineering, 20.

Gao, J., Li, H., Sun, X., Zhang, X., & Zhan, M. (2022). Electro-thermal-mechanical coupled crystal plasticity modeling of Ni-based superalloy during electrically assisted deformation. International Journal of Plasticity, 157, 103397.

Green, A. E., & Naghdi, P. M. (1971). Some remarks on elastic-plastic deformation at finite strain. International Journal of Engineering Science, 9, 1219–1229.

Grieves, M., & Vickers, J. (2016). Digital twin: mitigating unpredictable, undesirable emergent behavior in complex systems. In Transdisciplinary Perspectives on Complex Systems: New Findings and Approaches (pp. 85–113). Springer.

Grot, R. A., & Eringen, A. C. (1966). Relativistic continuum mechanics part I—mechanics and thermodynamics. International Journal of Engineering Science, 4, 611–638.

Guo, B., Zhang, Z., & Li, R. (2018). Ultrasonic and eddy current non-destructive evaluation for property assessment of 6063 aluminum alloy. NDT & E International, 93, 34–39.

Han, F. W., Xu, W., Li, L. L., & Zhang, C. (2016). A generalization of the Drude-Smith formula for magneto-optical conductivities in Faraday geometry. Journal of Applied Physics, 119.

Hanappier, N., Charkaluk, E., & Triantafyllidis, N. (2021). A coupled electromagnetic–thermomechanical approach for the modeling of electric motors. Journal of the Mechanics and Physics of Solids, 149.

He, J., Han, G., & Feng, Y. (2022). Phase transformation and plastic behavior of QP steel sheets:

transformation kinetics-informed modeling and forming limit prediction. Thin-Walled Structures, 173.

Hou, Y., Min, J., El-Aty, A. A., Han, H. N., & Lee, M.-G. (2023). A new anisotropic-asymmetric yield criterion covering wider stress states in sheet metal forming. International Journal of Plasticity, 166, 103653.

Hu, D., Guo, Z., Grilli, N., Tay, A., Lu, Z., & Yan, W. (2024). Understanding the strain localization in additively manufactured materials: micro-scale tensile tests and crystal plasticity modeling. International Journal of Plasticity, 177.

Hutter, K., Ven, A. A., & Ursescu, A. (2007). Electromagnetic field matter interactions in thermoelastic solids and viscous fluids.

Idriss, M., Bartier, O., Guines, D., Leotoing, L., Mauvoisin, G., & Hernot, X. (2023). Instrumented indentation for determining stress and strain levels of pre-strained DC01 sheets. International Journal of Mechanical Sciences, 238.

Jankowski, T. A., Pawley, N. H., Gonzales, L. M., Ross, C. A., & Jurney, J. D. (2016). Approximate analytical solution for induction heating of solid cylinders. Applied Mathematical Modelling, 40, 2770–2782.

Ji, H., Song, Q., Gupta, M. K., & Liu, Z. (2020). A pseudorandom based crystal plasticity finite element method for grain scale polycrystalline material modeling. Mechanics of Materials, 144, 103347.

Jiang, M., Fan, Z., Kruch, S., & Devincre, B. (2022). Grain size effect of FCC polycrystal: a new CPFEM approach based on surface geometrically necessary dislocations. International Journal of Plasticity, 150.

Kim, H. J., & Lee, H. J. (2016). 2D fluid model analysis for the effect of 3D gas flow on a capacitively coupled plasma deposition reactor. Plasma Sources Science and Technology, 25.

Kim, Y. J., Jung, S. H., Lee, J., & Lee, E. H. (2024). Development of roll tapping machine capable of synchronized control of spindle rotation and feeding speed. International Journal of Precision Engineering and Manufacturing, 25, 799–809.

Kopec, M., Brodecki, A., Kukla, D., & Kowalewski, Z. L. (2021). Suitability of DIC and ESPI optical methods for monitoring fatigue damage development in X10CrMoVNb9-1 power engineering steel. Archives of Civil and Mechanical Engineering, 21.

Kovetz, A. (2000). Electromagnetic theory. Oxford University Press.

Kundu, A., & Field, D. P. (2016). Influence of plastic deformation heterogeneity on development of geometrically necessary dislocation density in dual phase steel. Materials Science and Engineering: A, 667, 435–443.

Kundu, A., & Field, D. P. (2018). Geometrically necessary dislocation density evolution in interstitial free steel at small plastic strains. Metallurgical and Materials Transactions A, 49, 3274–3282.

Kundu, A., & Field, D. P. (2020). Influence of microstructural heterogeneity and plastic strain on geometrically necessary dislocation structure evolution in single-phase and two-phase alloys. Materials Characterization, 170.

Lee, E.-H. (1969). Elastic-plastic deformation at finite strains.

Lee, E.-H. (2021). A model for irreversible deformation phenomena driven by hydrostatic stress, deviatoric stress and an externally applied field. International Journal of Engineering Science, 169, 103573.

Lee, E.-H. (2023). Implicit integration algorithm for solving evolution of microstructural vectors based on Eulerian formulation in plane stress condition. Journal of Applied Mechanics, 90.

Lee, E.-H. (2024). Relativistic constitutive modeling of inelastic deformation of continua moving in space-time. Communications in Nonlinear Science and Numerical Simulation, 131, 107821.

Lee, E.-H., Choi, H., Stoughton, T. B., & Yoon, J. W. (2019). Combined anisotropic and distortion hardening to describe directional response with Bauschinger effect. International Journal of Plasticity, 122, 73–88.

Lee, E.-H., & Rubin, M. B. (2020). Modeling anisotropic inelastic effects in sheet metal forming using microstructural vectors—Part I: theory. International Journal of Plasticity, 134, 102783.

Lee, E.-H., & Rubin, M. B. (2021). Modeling inelastic spin of microstructural vectors in sheet metal forming. International Journal of Solids and Structures, 225, 111067.

Lee, E.-H., & Rubin, M. B. (2022). Eulerian constitutive equations for the coupled influences of anisotropic yielding, the Bauschinger effect and the strength-differential effect for plane stress. International Journal of Solids and Structures, 241, 111475.

Lianis, G. (1973). Formulation and application of relativistic constitutive equations for deformable electromagnetic materials. Il Nuovo Cimento B, 16, 1–43.

Lim, J.-H., Park, N., & Lee, E.-H. (2024). Practical fracture limit function considering data flexibility under plane-stress conditions in Lagrangian formulation. Applied Mathematical Modelling, 132, 702–723.

Lou, Y., & Yoon, J. W. (2023). Lode-dependent anisotropic-asymmetric yield function for isotropic and anisotropic hardening of pressure-insensitive materials. Part I: quadratic function under non-associated flow rule. International Journal of Plasticity, 166, 103647.

Lou, Y., Huh, H., & Yoon, J. W. (2014). Modeling of shear ductile fracture considering a changeable cut-off value for stress triaxiality. International Journal of Plasticity, 54, 56–80.

Lou, Y., Zhang, C., Zhang, S., & Yoon, J. W. (2022). A general yield function with differential and anisotropic hardening for strength modelling under various stress states with non-associated flow rule. International Journal of Plasticity, 158, 103414.

Lu, M., Meng, X., Huang, R., Chen, L., Peyton, A., & Yin, W. (2021). A high-frequency phase feature for the measurement of magnetic permeability using eddy current sensor. NDT & E International, 123.

Lu, X., Zhang, X., Shi, M., Roters, F., Kang, G., & Raabe, D. (2019). Dislocation mechanism based size-dependent crystal plasticity modeling and simulation of gradient nano-grained copper. International Journal of Plasticity, 113, 52–73.

Mamros, E. M., Mayer, S. M., Banerjee, D. K., Iadicola, M. A., Kinsey, B. L., & Ha, J. (2022). Plastic anisotropy evolution of SS316L and modeling for novel cruciform specimen. International Journal of Mechanical Sciences, 234, 107663.

Mánik, T., Asadkandi, H. M., & Holmedal, B. (2022). A robust algorithm for rate-independent crystal plasticity. Computer Methods in Applied Mechanics and Engineering, 393, 114831.

Mecking, H., & Kocks, U. F. (1981). Kinetics of flow and strain-hardening. Acta Metallurgica, 29, 1865–1875.

Minkowski, H. (1910). Die Grundgleichungen für die elektromagnetischen Vorgänge in bewegten Körpern. Mathematische Annalen, 68, 472–525.

Moghadam, F. K., & Nejad, A. R. (2022). Online condition monitoring of floating wind turbines drivetrain by means of digital twin. Mechanical Systems and Signal Processing, 162.

Moussa, C., Bernacki, M., Besnard, R., & Bozzolo, N. (2015). About quantitative EBSD analysis of deformation and recovery substructures in pure Tantalum. IOP Conference Series: Materials Science and Engineering, 89, 012038.

Niyonzima, I., Jiao, Y., & Fish, J. (2019). Modeling and simulation of nonlinear electro-thermo-mechanical continua with application to shape memory polymeric medical devices. Computer Methods in Applied Mechanics and Engineering, 350, 511–534.

Noder, J., & Butcher, C. (2019). A comparative investigation into the influence of the constitutive model on the prediction of in-plane formability for Nakazima and Marciniak tests. International Journal of Mechanical Sciences, 163.

Noh, D., & Yoon, J. W. (2020). Reduced texture approach for crystal plasticity finite element method toward macroscopic engineering applications. IOP Conference Series: Materials Science and Engineering, 967, 012071.

Nye, J. F. (1953). Some geometrical relations in dislocated crystals. Acta Metallurgica, 1, 153–162.

Ogawa, T., Namizaki, S., Adachi, Y., & Takata, K. (2022). Dynamic analysis of microstructural evolution during tensile deformation of interstitial-free steel by in-situ electrical resistivity measurements. Materials Letters, 328.

Onat, E. T. (1968). The notion of state and its implications in thermodynamics of inelastic solids. In Irreversible Aspects of Continuum Mechanics and Transfer of Physical Characteristics in Moving Fluids (pp. 292–314). Springer.

Oh, S. H., Lee, H. D., Lee, J. U., Park, S. H., Cho, W. S., Park, Y. J., Haag, A., Watanabe, S., Arnold, M., Lee, H. J., & Lee, E.-H. (2024). Thermodynamic modeling framework with experimental investigation of the large-scale bonded area and local void in Cu-Cu bonding interface for advanced semiconductor packaging. International Journal of Plasticity, 180, 104073.

Park, N., Huh, H., Lim, S. J., Lou, Y., Kang, Y. S., & Seo, M. H. (2017). Fracture-based forming limit criteria for anisotropic materials in sheet metal forming. International Journal of Plasticity, 96, 1–35.

Prates, P. A., Adaixo, A. S., Oliveira, M. C., & Fernandes, J. V. (2018). Numerical study on the effect of mechanical properties variability in sheet metal forming processes. International Journal of Advanced Manufacturing Technology, 96, 561–580.

Roters, F., Eisenlohr, P., Hantcherli, L., Tjahjanto, D. D., Bieler, T. R., & Raabe, D. (2010). Overview of constitutive laws, kinematics, homogenization and multiscale methods in crystal plasticity finite-element modeling. Acta Materialia, 58, 1152–1211.

Rousselier, G., Barlat, F., & Yoon, J. W. (2009). A novel approach for anisotropic hardening modeling. Part I: theory and its application to finite element analysis of deep drawing. International Journal of Plasticity, 25, 2383–2409.

Rubin, M. B. (1994). Plasticity theory formulated in terms of physically based microstructural variables—Part I: theory. International Journal of Solids and Structures, 31, 2615–2634.

Rubin, M. B. (2012). Removal of unphysical arbitrariness in constitutive equations for elastically anisotropic nonlinear elastic–viscoplastic solids. International Journal of Engineering Science, 53, 38–45.

Ryś, M., Stupkiewicz, S., & Petryk, H. (2022). Micropolar regularization of crystal plasticity with the gradient-enhanced incremental hardening law. International Journal of Plasticity, 156, 103355.

Sablik, M. J., Yonamine, T., & Landgraf, F. J. G. (2004). Modeling plastic deformation effects in steel on hysteresis loops with the same maximum flux density. IEEE Transactions on Magnetics, 40, 3219–3226.

Shi, P. (2020). Magneto-elastoplastic coupling model of ferromagnetic material with plastic deformation under applied stress and magnetic fields. Journal of Magnetism and Magnetic Materials, 512.

Shim, Y.-D., Kim, J., Kim, C., Park, J., Yang, D.-W., & Lee, E.-H. (2024). Evaluation of mechanical properties considering uncertainties for hairpin coils in electric vehicle motor manufacturing. IEEE Access, 12, 45318–45330.

Sim, J. W., Kim, T. H., Kang, N., Lee, H. J., & Lee, E. H. (2024). Effective thermo-electric-mechanical modeling of capacitively coupled plasma in low-pressure conditions: modeling and application in dry etching. Applied Mathematical Modelling, 127, 32–59.

Simon, S. H. (2013). The Oxford solid state basics. Oxford University Press.

Steigmann, D. J. (2009). On the formulation of balance laws for electromagnetic continua. Mathematics and Mechanics of Solids, 14, 390–402.

Sun, F., Meade, E. D., & O'Dowd, N. P. (2019). Strain gradient crystal plasticity modelling of size effects in a hierarchical martensitic steel using the Voronoi tessellation method. International Journal of Plasticity, 119, 215–229.

Sun, W., Kasa, T., Hatsukade, Y., Yonehara, M., Ikeshoji, T., & Kyogoku, H. (2023). Quality assessment of SUS316L fabricated by metal additive manufacturing with eddy current inspection. NDT & E International, 138.

Teng, S., Chen, X., Chen, G., & Cheng, L. (2023). Structural damage detection based on transfer learning strategy using digital twins of bridges. Mechanical Systems and Signal Processing, 191.

Wang, B., & Kari, L. (2020). A visco-elastic-plastic constitutive model of isotropic magneto-sensitive rubber with amplitude, frequency and magnetic dependency. International Journal of Plasticity, 132, 102756.

Wang, Q., Ri, S., Tsuda, H., & Koyama, M. (2018). Optical full-field strain measurement method from wrapped sampling Moiré phase to minimize the influence of defects and its applications. Optics and Lasers in Engineering, 110, 155–162.

Xu, Z., Li, X., Zhang, R., Ma, J., Qiu, D., & Peng, L. (2023). The effect of electric current on dislocation activity in pure aluminum: a 3D discrete dislocation dynamics study. International Journal of Plasticity, 171, 103826.

Yao, S., Yu, J., Pei, X., Cui, Y., Zhang, H., Peng, H., & Li, Y. (2024). A coupled phase-field and crystal plasticity model for understanding shock-induced phase transition of iron. International Journal of Plasticity, 173.

Zhan, Y. S., & Lin, C.-H. (2020). A constitutive model of coupled magneto-thermo-mechanical hysteresis behavior for giant magnetostrictive materials. Mechanics of Materials, 148.

Zhang, C., & Lou, Y. (2024). Influences of the evolving plastic behavior of sheet metal on V-bending and springback analysis considering different stress states. International Journal of Plasticity, 173, 103889.

Zhang, W. T., Jiang, R., Zhao, Y., Zhang, L. C., Zhang, L., Zhao, L. G., & Song, Y. D. (2022). Effects of temperature and microstructure on low cycle fatigue behaviour of a PM Ni-based superalloy: EBSD assessment and crystal plasticity simulation. International Journal of Fatigue, 159.

Zhang, X., Zhao, J., Kang, G., & Zaiser, M. (2023). Geometrically necessary dislocations and related kinematic hardening in gradient grained materials: a nonlocal crystal plasticity study. International Journal of Plasticity, 163.

Zhao, J., Lu, X., Yuan, F., Kan, Q., Qu, S., Kang, G., & Zhang, X. (2020). Multiple mechanism based constitutive modeling of gradient nanograined material. International Journal of Plasticity, 125, 314–330.

Zhou, L., Davis, C., & Kok, P. (2021). Steel microstructure—magnetic permeability modelling: the effect of ferrite grain size and phase fraction. Journal of Magnetism and Magnetic Materials, 519.

Zhou, S., Ben Bettaieb, M., & Abed-Meraim, F. (2024). A physically-based mixed hardening model for the prediction of the ductility limits of thin metal sheets using a CPFE approach. International Journal of Plasticity, 176, 103946.

초판 1쇄 인쇄 2026년 4월 3일
초판 1쇄 발행 2026년 4월 10일

지은이 이은호
펴낸이 유지범
책임편집 신철호
편집 현상철·구남희
마케팅 박정수·김지현

펴낸곳 성균관대학교 출판부
등록 1975년 5월 21일 제1975-9호
주소 03063 서울특별시 종로구 성균관로 25-2
대표전화 (02)760-1253~4
팩시밀리 (02)762-7452
홈페이지 press.skku.edu

ISBN 979-11-5550-708-7 93560